教育部新农科研究与改革实践项目地方综合性大学新农科多样化人才培养模式创新实践、河南省高等教育教学改革研究与实践重点项目新农科背景下农学专业产教融合协同育人机制研究与实践和服务我省农业产业转型的农科专业改造升级路径探索与实践成果

新农科人才培养理论与实践

李友军　王贺正　黄明 等　编著

中国农业出版社
北　京

图书在版编目（CIP）数据

新农科人才培养理论与实践 / 李友军等编著 . —北京：中国农业出版社，2023.6
ISBN 978-7-109-30835-0

Ⅰ.①新…　Ⅱ.①李…　Ⅲ.①农业科学—人才培养—研究—中国　Ⅳ.①S

中国国家版本馆 CIP 数据核字（2023）第 118504 号

中国农业出版社出版
地址：北京市朝阳区麦子店街 18 号楼
邮编：100125
责任编辑：边　疆
版式设计：王　晨　　责任校对：刘丽香
印刷：北京中兴印刷有限公司
版次：2023 年 6 月第 1 版
印次：2023 年 6 月北京第 1 次印刷
发行：新华书店北京发行所
开本：700mm×1000mm　1/16
印张：12.5
字数：238 千字
定价：68.00 元

本书著者名单

李友军　王贺正　黄　明　吴金芝

李春霞　张　均　马　超

目　　录

第一章

绪　论

一、学科与农科

（一）学科

“学科”一词译自英文的discipline，由美国学者伯顿·克拉克在他的《高等教育新论》一书中提出。学科包含两种含义：一是作为知识的“学科”，二是围绕这些“学科”而建立起来的组织。

人类发展早期只能直观地认识自然界，将所有知识归结为哲学。亚里士多德是历史上首次明确提出“学科”概念并进行学科分类的哲学家，他在《物理学》开篇说：“对于任何一门涉及原理、原因和元素的学科来说，只有认识了这些原理、原因和元素，才算认识或领会了这门学科。”爱因斯坦曾提出，哲学是其他一切学科之母，它生育并抚养了其他学科。中国的“学科”一词最早出现在北宋欧阳修等人编撰的《新唐书·儒学传序》中。古代传统知识分类有“六艺”“七略”“四部”等不同的分类方法，其中以典籍文献体裁为分类标准的“经、史、子、集”四部之学是中国传统知识学科分类的典型代表。随着人们对自然界的认识越来越深，学科的发展逐渐从综合阶段走向了分化阶段，特别是到了19世纪40年代，自然科学领域的三大发现揭示了自然界辩证发展的规律，使自然科学进一步分化，20世纪后，知识的高度分化逐渐形成了许多相互独立的学科领域，学科体系也日益扩大。

学科的发展应遵循三个规律，即学科发展要适应科学技术发展的规律、趋势，学科发展要适应国家和社会的需要，学科发展要结合各载体自身的实际，办出特色和水平。我国学科的发展，在中华人民共和国成立初期，受苏联模式的影响，逐步建立起高等教育集权管理模式，打破了民国时期形成的学科体系，学科建设方向首先必须坚持扎根中国大地、体现中国特色这一根本，构建具有中国特色的学科制度。我国学科结构与布局在很大程度上适应了当时高度集中的计划经济体制，学科建设承载着大学的基本职能，既是建设高等教育强国、造就一流人才的需要，也是提高国家科技水平、建设创新型国家的需要。

国家标准 GB/T 13745—2009 依据学科研究对象、研究特征、研究方法、学科的派生来源、研究目的与目标五个方面对学科进行分类，分成五个门类（自然科学、农业科学、医药科学、工程与技术科学、人文与社会科学），下设 62 个一级学科、748 个二级学科、近 6 000 个三级学科。

《学位授予和人才培养学科目录设置与管理办法》(学位〔2009〕10 号）是根据国务院学位委员会、教育部规定印发的，是国家进行学位授权审核与学科管理、学位授予单位开展学位授予与人才培养工作的基本依据，适用于学士、硕士、博士的学位授予、招生和培养，并用于学科建设和教育统计分类等工作。

改革开放以来，中国共进行了 4 次大规模的学科目录和专业设置调整工作。2020 年 2 月 21 日，教育部公布了《普通高等学校本科专业目录（2020 年版)》，高校本科教育学科专业包括哲学、经济学、法学、教育学、文学、历史学、理学、工学、农学、医学、管理学、艺术学 12 个学科门类。

2011 年国务院学位委员会、教育部颁布的《学位授予和人才培养学科目录（2011 年)》规定，我国科研院校（学位授予单位）的本科教育和研究生教育划分为哲学、经济学、法学、教育学、文学、历史学、理学、工学、农学、医学、军事学、管理学、艺术学共计 13 个学科门类，2021 年新增设置第 14 个学科门类——“交叉学科”，一级学科增加到 113 个。

（二）农科

在《现代汉语辞海》中，农业是指栽培农作物和饲养牲畜的生产事业，国民经济中的农业还包括林业、渔业和农林副业在内。顾明远主编的《教育大词典》中对农科的解释是“中国本、专科高等教育的科类之一”，实施农业与渔业科学技术有关领域的教育，包括作物生长发育规律及其与外界环境条件的关系、病虫害防治、土壤与营养、种植制度、遗传育种、植物生产、动物生产、水产、农业渔业经济管理、农业工程、农产品加工、兽医、农业渔业资源与环境以及与农业相关的应用文科如农业信息等领域。

中国古代书目中最早提到农家的是《汉书·艺文志》——农家一派研究的主要是农业技术，目的在于满足百姓的衣食需求。第一次提及“农学”一词的是明末的徐光启，他说：“余读《农书》，谓王君之诗学胜农学，其农学绝不及苗好谦、畅师文辈也。”徐光启所谓的“农学”，指的是中国古代农家的学问，并非是具有严格逻辑内涵与外延的现代农学概念。

我们现在能看到的古代农书的内容包括农事的各个方面，如《齐民要术》全书一共九十二篇，包括耕种作物、蔬菜和果树栽培、畜牧、兽医、农产品加工等内容。再如《吕氏春秋》中的《上农》《任地》《辩土》《审时》四篇，不仅讲述农业生产知识，而且《上农》篇的重农思想统摄四篇的思想内涵，是中国最古老的关于农业经济思想和农业生产知识的著作，为我国传统农业科学技术奠定了理论与技术基础。

农业是中华古文明存在和发展的物质基础，历朝历代，上至官府，下至平民，都十分重视农业生产技术经验的总结和推广，这样的文化背景让中国古代先后出现了很多种类的农业书籍。据《中国农学书录》记载，中国古代农书共有500多种，而流传到今的有300多种。在这300多种农书中，《齐民要术》《农桑辑要》《王祯农书》《农政全书》和《授时通考》影响最大，称为“五大农书”。这些农书有人们对农业生产条件、季节更替规律以及土地利用方法等的探索从而形成天文、物候、历法和测量等知识，又促进了土壤耕作、施肥、灌溉以及作物的品种选育和栽培、家畜的饲养和繁育等方面知识的系统化。

1840年李比希的经典著作《有机化学在农业和生理学上的应用》的发表，是现代农业科学系统开始发展的标志。农学学科是农业科研人员之间的桥梁，它在长期的发展过程中形成了独特的思维方式，在促进学科建设的过程中必须适应农业科学技术的发展规律和要求。

农学学科是研究农业生产的科学，在《学位授予和人才培养学科目录(2011年)》中农学学科是我国授予学位的13个学科门类之一。目前，农学学科门类下有作物学、园艺学、农业资源与环境、植物保护等9个一级学科，全国有农学门类学科点335个，其中博士点209个、硕士点126个。涉农专业学位类别有农业、兽医、林业3个类别，共有207个相关专业学位点，其中博士专业学位点12个、硕士专业学位点195个。教育部加大对农学学科的支持力度，多方面支持涉农高校发展农学学科，持续提升农学学科的社会影响力和吸引力。近年来，在研究生招生计划管理工作中，教育部对涉农高校予以积极倾斜。“十三五”期间，农业相关学科专业研究生人才培养规模稳步扩大。教育部将积极引导各主管部门和高校根据经济社会发展需求和办学条件，合理扩大农业特别是涉及种质资源、耕地安全等相关专业招生规模，进一步提高人才培养的适应性。同时，继续对涉农高校予以积极支持。

二、专业与农科专业

(一) 专业

专业，一般指高校或中等专业学校根据社会分工需要而划分的学业门类，专业有广义、狭义和特指三种解释。广义上专业是具有特定劳动特点的某种职业；狭义上专业是指某些特定的社会职业；特指的专业是指高等院校中的专业，它是依据高校教育的培养目标和教育基本形式组成的，专业为教育的基本单位。

在高等教育培养学生的各个专门领域，专业是大学为了满足社会分工，按照社会对不同领域和岗位的专门人才的需要而设置的。不同领域的专门人才需要的知识框架，由与它相关的学科来组织，具有明确的培养目标。要完成对一个专业人才的培养任务，首先必须了解社会对人才的需求，其次必须依托专业课程，然后实施教学过程，获得教学效果。2021 年 2 月 10 日，教育部又对《普通高等学校本科专业目录（2020 年版）》进行了更新，公布列入普通高等学校本科专业目录的新专业名单（2021 年），2021 年 12 月 10 日，教育部再次对该目录进行了更新，公布列入普通高等学校本科专业目录的新专业名单（2022 年）。高校本科教育专业包括 92 个专业大类，771 个具体专业。

（二）农科专业

农科专业是根据农业科学的发展涉及的农业生产的不同方面，按照学科分类和社会分工需要在农科领域进行农学知识教学活动的基本单位，由特定的专业培养目标、人才培养计划和相应的课程体系组成。设置较早、历史较为悠久的农科专业当属植物生产类专业中的农学、植物保护、园艺等，这些专业被普遍认作传统农科专业。

1952 年我国开始设置农科本科专业，共设 19 种农科本科专业，在 1954 年 11 月《高等学校专业目录分类设置（草案）》中，农科本科专业首次确定为 16 种，成为调整的基点。1962 年农科本科专业发展到 48 种，1963 年国家制定了统一的高等学校专业目录，调整为 26 种，专业数迅速回落。第二次发展高潮是在 1987 年左右，1984 年农科本科专业有 46 种，1985 年有 47 种，1986 年有 49 种，1987 年达到顶峰，共有 57 种。1989 年国家对专业进行调整，1993 年时农科专业有 37 种，1998 年再次进行的专业调整使农科本科专业调整为 16 种，专业数量重新回到了起点。2021 年农科类专业调整为植物生产类、自然保护与环境生态类、动物生产类等 7 个大类，46 种。2022 年教育部印发《新农科人才培养引导性专业指南》，面向粮食安全、生态文明、智慧农业、营养与健康、乡村发展五大领域，设置生物育种科学等 12 个新农科人才培养引导性专业。从农科专业数量变化的历史轨迹可以预料农科专业数量可能会适量增加。农科专业的调整往往具有一定的历史条件，自 1952 年起我国农学类专业历经数次调整，专业设置逐步细化清晰。

三、人才培养与农科教育

（一）人才培养

人才培养指对人才进行教育、培训的过程。被选拔的人才一般都需经过培养训练，才能成为各种职业和岗位需求的专门人才。

人才培养在本质上是学校教育与社会教育相结合，是青年个体确定人生目标和信仰、社会及政治理想并走向社会实践的重要环节和过程。人才培养是高等学校的根本任务，是高校办学的中心和根本，是大学的本质属性和大学的存在价值，人才培养水平是衡量高校办学水平的根本标准。在价值层面上，人才培养的本质是培养人，就是培养学生完整的人格，引导学生形成正确的人生观与价值观，对学生进行全面培养，包括人格教育、科学教育，引领学生勇于追求真理、辨识善恶，培养青年学生“可持续”的学习能力、批判性思维能力及创新能力，为将来的工作与生活打牢基础。

人才培养定位要与我国现有条件下的社会情况相适应，改革开放以来，我国高等教育发展取得了举世瞩目的成就，已建成世界上规模最大的高等教育体系，高等教育迈向普及化阶段。2021年，全国共有高等学校3 012所，其中普通本科学校1 238所、本科层次职业学校32所、高职（专科）学校1 486所、成人高等学校256所。各种形式的高等教育在学总规模4 430万人，高等教育毛入学率为57.8%。教育部高等教育教学评估中心2016年发布的《中国高等教育质量报告》指出，我国高校按照国家教育规划纲要的要求，人才培养质量显著增强，特色发展势头强劲，校内外联合培养和协同育人已见成效，学生与社会用人单位对高等院校的满意度较高。改革开放40年来，全国各地各类高校向各行各业输送了大批优秀人才，为国家经济发展、社会进步提供了坚实的人力资源与智慧支撑。

习近平总书记在2021年两院院士大会、中国科协第十次全国代表大会讲话中指出，科技立则民族立，科技强则国家强。强调要更加重视青年人才培养，努力造就一批具有世界影响力的顶尖科技人才，稳定支持一批创新团队，培养更多高素质技术技能人才、能工巧匠、大国工匠。在2021年中央人才工作会议上习近平总书记强调，要大力加强大学对基础学科拔尖创新人才的培养，这对促进科技自立自强和国力不断提升具有重要影响。人才培养永远是高校根本性、长期性和战略性的重点工作。

（二）农科教育

农科教育是培养农业方面专门人才的教育活动。广义的农科教育是指包含教授农业知识、培养农业专门人才行为在内的所有社会活动；狭义的农科教育指各农业院校以及涉农高校所开展的农业教育活动，是高校按照国家的相关政策、法规等，全面系统地对受教育者进行思想品德、农业知识、农业科技等各方面的教育与培训，为农业和农村经济、社会发展培养农业专门人才的社会活动。农科教育中大部分专业为应用型，专业理论知识和实践教学是相对独立的，所以选拔的人才一般都需经过培养训练，才能在农业建设中满足社会对农科人才的需求。

清朝末年，为了挽救中国衰败的经济，改良“立国之本”的农业，掀起了重农思潮，从而开始了近代农业教育。清朝朝廷和各地官绅等对农业的重要地位有着深刻认识，他们极力倡导通过引进西方农业科技、发展农业教育、创建农会等途径解决农业问题。同近代相比，我国现代农业和农科教育虽然已取得了巨大成绩，但与发达国家相比我国在很多方面还比较落后，对于实现2035年农业现代化还有很长的路要走。重视农业教育、培养农业人才、发展农业科技是推动农业现代化最有效的力量。

高等农科教育要以培养与社会发展相适应的农业科技人才为目标，农业人才培养既要面向世界、面向未来、面向现代化，又要坚持为“三农”服务，为国家农业经济发展和农村产业结构调整做好准备。

四、新农科建设

2004年以来，中共中央连续发布了以“三农”为主题的中央1号文件，体现了党中央解决“三农”问题的决心。党的十九大提出的乡村振兴伟大战略，既明确了我国农村发展战略，又推进了我国农业现代化进程，其关键在科技、在人才。涉农高校作为农科类高素质人才的摇篮，承载着支撑和引领“三农”事业的时代使命，是强农兴农的“国之重器”，其人才培养质量将会影响我国“三农”问题的解决和乡村振兴战略的实施。然而，我国涉农高校的人才培养还普遍存在培养模式固化、趋同、针对性弱等问题，迫切需要创新改革。

为了提高农科类人才培养质量，我国已掀起以人才培养“质量革命”为核心的新农科建设。2018年12月，在中国农业大学组织召开的新农科建设研讨会上，提出了以现代科学技术改造提升现有的涉农专业的目标。2019年4月，教育部发布的《关于实施一流本科专业建设“双万计划”的通知》，提出了优化农科类人才培养模式，全面提升农科类专业人才能力的工作目标。2019年7月，标志中国高等农林教育发展进入新时代的“安吉共识”是“中国新农科建设宣言”，提出了新农科建设要肩负脱贫攻坚、乡村振兴、生态文明和美丽中国建设的“四个使命”，要坚持面向新农业、新乡村、新农民、新生态的“四个面向”新理念。2019年9月，习近平总书记在给全国涉农高校的书记校长和专家代表的回信中指出：“希望你们继续以立德树人为根本，以强农兴农为己任，拿出更多科技成果，培养更多知农、爱农新型人才。”掀起了新农科建设的高潮。随后，“北大仓行动”推出新型人才培养、专业优化攻坚、课程改革创新、实践基地建设、优质师资培育、协同育人强化、质量标准提升、开放合作深化的新农科教育改革“八大行动”新举措；“北京指南”规划了实施新研究与改革实践的“百校千项”新项目。这些举措都为新时代农科人才培养指明了方向，涉农高校应以推进新农科建设为契机，深度剖析现有人才培养中存在的问题，加大改革力度，培养“三农”和乡村振兴伟大事业所需的农科高素质人才。

第二章

我国农科高等教育的发展历程

第一节　我国传统农科高等教育发展历程

我国从1898年开始创办农业教育，在过去一百多年的发展历程中，为适应政治、经济和文化等诸多因素发展变化，我国农业高等教育和农科人才培养在教育思想观念、人才培养目标、人才培养过程、教育管理等方面也随之发生了一系列变革。从发展历程和变革特点来看，大致可划分新中国成立前、新中国成立至改革开放前和改革开放至今三个农科高等教育发展阶段。

一、新中国成立前我国农业高等教育人才培养状况

（一）清朝末年至民国时期农业高等教育与农科类人才培养

清朝末年，在张之洞等实业家的主导下，湖北农务学堂（今华中农业大学）在湖北武汉正式成立，这是国内最早的农科类学校。1905年，在北京成立了京师大学堂农科大学，标志着我国农科类大学开始发展。随后，为了促进国内实业学堂的开办，清政府颁布了《奏定高等学堂章程》，将高等学堂的学科类型划分为文学科、商科、政法科、工科、农科、医科等，将农业教育正式列入实业教育之中，并且将农科大学的学科类别划分为农学、农艺化学、林学和兽医学四门学科。这些章程和规定促进了我国高等农业院校的建立和发展。其中，京师大学堂农科和金陵大学农科是农业教育创立初期的典型代表。京师大学堂农科从1910年开始招生，学制为3年，科门、课程、教材、标本等几乎全部参考日本农业教育模式，其专业教师也全部来自日本，为我国培养了最早的一批农科大学生。南京的金陵大学农科是我国近代农业教育史上四年制大学的开端，其办学主旨、专业设置、课程内容、教学管理等方面均按美国农业高等教育模式开展。

此外，清政府还建立了一批农务学堂，这些农务学堂开展的实业教育多与我国现在的农林高校有一定历史渊源，也对我国高等农林教育的发展有一定影响。但是，这些早期的农林实业教育，并未达到本科教育的高度，只相当于专

科水平，而且其教学管理中缺乏适宜师资和教材，人才培养质量不高。此外，当时农务学堂的学生大多来自城市家庭或者是富家子弟，他们对农业和农情了解不多，求学的主要目的在于谋得“一官半职”，毕业后真正从事农业领域工作的人较少，总体对农业种植和生产改良推动作用不大。

（二）中华民国时期至新中国成立前农业高等教育与农科类人才培养

1912年，中华民国成立后，高等农业学堂改组为农业专业学校或大学。教育部正式颁布了涉农类专门学校的教育规程。主要内容包括：农业专门学校以培养专门农业人才为宗旨；开设预科，修业年限为一年，本科学习的年限为三年；主要设置了农学、林学、兽医学、蚕业学、水产学等学科。在此期间，各校开始建立科学研究机构，以举办农村实验区、组织农民合作社、举办短期培训和训练班等多种方式直接为农业发展和农民种植服务。

1927—1937年，国内农业高等教育发展较快，开设农科类专业教育的高校数量不断增加。1937年末，已有39所高等学校开设农科类专业，涉农类专业在校生与毕业生数量均逐年增加，其中毕业生从1927年的150名增加至1937年的450人。抗日战争期间，全国农业高等教育发展受到严重影响，农科类人才培养基本处于停滞状态。抗日战争结束后，我国农业高等教育不断恢复，到1949年解放战争结束前开展农科类人才培养的高校数量已超过40所，其中独立的农林高等院校达18所，在校农科类专业本科生、专科生数量超过10 000人。

这一时期，农业人才培养的主要目标是培养与农业发展有关的实用型专业人才，以及训练从事农业研究的工作人员。例如：金陵大学农科注重两类人才培养，设立了研究、教育和推广三部，其研究部以培养高深学术人才为目的，推广部则注重实用人才训练，专门培养涉农教育、农业科技推广、农业生产经营等方面的人才。国立中山大学农学院则由大学本部和涉农类专业部组成，大学本部以培养研究类学术人才为目的，专业部则专注于实用人才的训练和培养，为解决农业问题培养乡村工作人员。与此同时，人们开展了农业教育理论改革与实践探索。1923年，学者邹秉文在其专著《中国农业教育问题》中提到，高校教学、科研、推广相互结合在农科类人才培养中较为重要。学者邓植仪基于美国农业高等教育制度的特点进行分析，提出农业教育要以整个农业为服务对象，认为高等农业院校不仅要培养专门人才，而且要负责推进及解决农业中存在的问题，这些论述对后来我国农业高等教育发展产生了较为深远的影响。

（三）新中国成立前农业教育状况与农科类人才培养

新中国成立前，农科类人才培养主要以综合类大学开设的农科专业为主，独立的农科类专业本科院校数量占比不高。在办学理念上，前期主要参考日本高等教育模式，后期参照欧美国家农业高等教育和人才培养模式。在人才培养目标定位上，农业教育初期主要实施“专才教育”，后期个别高校才开始试验“通才教育”，但总体并未铺开。在课程体系设置中，围绕培养高级涉农类专业人才目标，以开设与专业相关的自然科学类课程为主，让学生通过专业学习能具备相应的专业知识与技能，达到充实自然科学类知识基础的目的。以20世纪30年代末金陵大学农学院（后期该校主体并入南京大学）为例，农艺系的专业课程主要有作物栽培、作物育种、土壤管理、作物病虫害防治等，多属于自然科学类；植物系的主干专业课程有植物学、细胞学、生物化学等自然科学类课程，专业学分占总学分（48学分）的2/3。在教学内容方面，开始注重宽广性与适应性，要求农科类专业的学生能额外学习一定量的人文社会学类的课程，将部分文、理、法等学科课程规定为必修课程，保证学生不因为专业知识的学习而忽视其他相关内容。在办学方面，在清末时期，农业教育以实业教育为本，属于被动开放办学的状况。在民国时期，农业高等教育在艰难困境中发展，农业高等教育走上相对规范的道路。比如，提倡农科类教育要参与农业生产社会建设活动，大学农业教育要为社会农业发展服务，要结合中国农业国情来开展农科教育等，这些改革均促进了农业高等教育的发展。总体来看，这一时期农科高等教育的规模偏小，培养的人数较少，且按“精英人才”模式进行教育与培养。

二、新中国成立至改革开放前我国农业高等教育人才培养状况

（一）新中国成立至“文化大革命”前农业高等教育人才培养状况

新中国成立后，我国高等教育进入了全面接管与改造时期，涉农类院校数量逐步增加。截至1949年末，全国范围内独立设置的高等农业院校数量为20所，设置农学院（或农业科系）的综合大学有23所。随后，根据恢复国民经济发展的需要，教育管理部门出台政策，仿照苏联教育模式，调整高等农业院校的院系和专业设置，农业教育的学制与农科类人才培养目标也几乎完全模仿苏联的农业高等教育模式。

1952年，教育部召开全国农学院院长会议，规定了学院与大学的同等地位，还明确提出了高等学校农科类专业的培养目标，即培养国营农场的高级农业技术干部、农业科学研究人才、农业技术行政干部、各级农业类学校从事教学工作的人才。随着国民经济的逐步恢复，从1953年开始，全国高等农业院校开始全面学习苏联高等教育经验，参照苏联模式对教育教学实践和人才培养模式进行改革，农业高等教育以培育农科类专业人才为主要目标，教育模式定位在专才教育模式，原来设立在综合型大学的农业类学科被调整出来，成立独立的农林类院校，培养农科类“专才”。部分农业院校以农艺师、畜牧师、农

业机械师等人才为培养目标。到1953年底，全国农业高校共开设16个涉农专业，既包含农学、自然环境保护、作物学、土壤农业化学、果树种植等自然学科类专业，也有农业气象、生物工程、农业机械化、农业经济等理工科类专业。为了培养专才，在课程设置和教学内容方面，主要围绕教育部制定的农科类教学计划开展人才培养工作，将那些与专业关联不大的基础类课程、体育类课程、人文社科类课程的教学内容均进行缩减，甚至大部分内容直接在教学计划中取消。在人才培养理念上，更加强调教育与生产相结合，甚至出现以生产劳动代替教学的现象，致使学生专业理论和技能存在欠缺，理论学习与生产实践出现“顾此失彼”现象。到1956年，我国农业高等教育已完成了一系列的院校调整和专业设置调整，形成了较为稳定的农科高等教育体系。

（二）“文化大革命”对农业高等教育人才培养的影响

“文化大革命”期间，“左”的思想路线对全国政治、文化、教育等领域均产生了较为严重的影响。党中央在《关于无产阶级文化大革命的决定》中明确提出，要开展高等教育改革，围绕“培养无产阶级的知识分子和革命事业接班人”的总目标，改变旧的教育制度、教育方针和教学方式方法，执行以阶级斗争为纲的思想路线，让教育更好地为无产阶级革命而服务。高等教育人才培养出现了较大的偏差。

“文化大革命”对我国农业高等教育的影响尤为严重。1966—1969年，全国农业高校停止教学工作，投身“闹革命”运动，一部分农业高校按照既定的教育管理政策进行搬迁、合并和撤销，农业高校不但数量减少了17所，而且大部分学校处于分散、合并、搬迁和撤销的动荡之中，严重影响了正常的教学和人才培养工作。此外，农业高等院校的招生规模也大幅下降，数量从1965年开始调整时的13 000人左右下降到1970年末的1 000人左右，减少了92.3%，在校生人数也从530 000人降到了1 100人。

“文化大革命”时期，人才培养目标带有较强的政治导向性，大力提倡那些入学前的“普通劳动者”在接受高等教育和专业培养后再回去继续当“普通劳动者”。1971年，农业高等院校开始实施实验计划，招生所采用主要的模式为学生自愿报名、群众推荐、领导批准、学校复审；学校招生范围也较为广泛，初中毕业也符合条件。“工农兵大学生”就是这一时期的产物，因为与农业、农村联系比较密切，农业高校在当时成为招收“工农兵大学生”数量最多和最为集中的学校。在教学安排方面，讲究“开门办学”，压缩文化课学时，以1974年东北农学院农学专业的教学计划为例，在课程学时分配方面，校内教学的总时数为1 336学时，其中政治类课程学时为436学时，校外参加生产劳动的总学时约为400学时，而专业课学习总学时仅为300学时。在这种带有政治性倾向的培养目标和计划的指引下，农科人才培养多以生产劳动为主，忽视课堂知识传授，学科专业理论知识和基础文化学科知识总体偏弱，人才培养质量不高。

三、改革开放至今我国农业高等教育人才培养状况

自改革开放以来，随着社会政治、经济体制的几次变化，我国农业高等教育也相应地呈现出三个不同的发展阶段。

（一）农业高等教育的恢复发展阶段（1978—1984年）

“文化大革命”结束后，我国农业高等教育逐渐步入了复校、调整和改革阶段，农业和农村的改革与发展成为社会主义现代化建设的一个重要突破口，农业领域对涉农类科技人才的需求也较为迫切。1978年，《人民教育》杂志的一篇文章提出，为了推动农业、农村改革与发展，整顿与发展高等农林教育刻不容缓，这对困境中的农业高等教育崛起起到了一定推动作用。此后，党中央在《关于加快农业发展的若干问题决定》中提出，要努力办好农业类大学教育以推动农业发展，这对农业高等教育的改革与发展起到了促进作用。

随着社会经济和农业生产的快速发展，农业领域对涉农类技术人才的数量、类型、专业能力等均提出了新的要求，培养适应社会主义经济发展的农业科技类人才，成为农业高等教育的中心工作。不仅之前的绝大多数农业高校均得到了恢复，还成立了一批新的农林类院校，很好地推动了农业高等教育的发展。到1984年，我国的农林院校数量已超过60所，涉及范围增至农牧、农垦、农机、水产等。此阶段全国农林院校划分为三类进行管理：第一类是面向全国，为农业发展、农业部门培养人才的农业高校，由农业部教育司或主管司来管理，如中国农业大学、南京农业大学、华南农业大学、华中农业大学等18所院校先后被定为农业部部属高校，之后多数被建设成全国重点大学；第二类是为某一地区培养人才的农业类高等院校，由省、市、自治区教育厅（局）或农业厅（局）来管理；第三类是某些地方的专科层次高等农业学校，由地方政府有关业务厅、局直接管理。农业高校也在人才培养和教育管理方面不断实践与探索。例如，为解决老少边穷地区教育基础落后、农业科技人才缺乏问题，部分农业高等院校实施定向招生办法，在录取、学业完成、科技培训等方面，均给予一定扶持，对缓解这些地区人才匮乏问题起到了一定促进作用。此外，为更好地为社会主义现代化建设和农业发展服务，国家教委和农牧渔业部共同组织调查论证，增设了一些农科类本科专业，基本覆盖了农业领域的产前、产中、产后各个环节。

（二）农业高等教育改革发展阶段（1985—1998年）

1985—1998年是我国高等农业教育改革快速发展阶段。

1985年，国家教育部组织召开了第一次全国教育工作会议，颁布了《中

共中央关于教育体制改革的决定》，明确了我国农业高等教育要适应社会主义市场经济发展的需要，使教育规模和人才培养质量协调发展。

1988年，国家教育委员会连同农业部、林业部建立了农学、农业工程、林业、畜牧兽医等一级学科、国家级重点学科专业，国家教委对涉农类本科专业目录再次进行修订，增设了一部分宽口径专业，大大推动了农业学科领域科学研究和高层次人才培养工作，并让学生在掌握农科类专业知识和技能的同时，争取具备宽厚的知识基础。

1990年，为推动乡村区域农业科学技术推广，满足乡村农业和乡镇企业对涉农类专业人才的需求，国家教育委员会在总结西南农业大学和山西农业大学面向乡村地区招收和培养年轻科技型农民教育实验的基础上，允许农业高校招收生活在乡村并有一定农业生产和种植实践经验的高中毕业生，也就是所谓的“实践生”，结合定向委培的教育模式培养年轻职业农民。

从1994年起，为解决部分农业高校整体规模偏小、专业学科相对单一的问题，教育部开始推进高等教育管理体制改革，通过“合并、共建、调整、合作”，合理配置和充分利用教育资源。全国共有14所农业院校参与合并，4所部属农业大学实现省部共建，其他部属大学则采取与地方合作办学的模式。

1996年，国家教育委员会、农业部和林业部联合召开全国普通高等农林教育工作经验交流会，明确指出，各级政府部门要更加重视和支持农业高等教育发展。此后，国家教委与农业部又联合出台了农业高校对口招收涉农类职业高中、农业中专、农业广播电视学校应届优秀毕业生的政策规定，以培养高层次涉农类职业技术人才。

这一时期，农业高等教育通过开展重点学科建设、专业调整、招生制度、高校管理体制等方面的改革和调整，助推我国农业高等教育快速发展：涉农类国家重点学科超过58个，国家重点实验室3所，教育部重点实验室4所，高等农业院校数量64所，包括16所专科学校、5所农业职业技术师范高等学校，研究生人数接近9 000名，本科生、专科生人数超过6 000万名。

（三）农业高等教育跨越式发展阶段（1999年至今）

1999年，国家发布《关于深化教育改革全面推进素质教育的决定》，高校开始扩招，招生数量每年均保持递增态势。之后，我国高等教育也由此进入了大众化快速发展阶段，农业高校改革与调整发展也进入关键期，原来由农业部主管的农业高校管理体制逐步进行了调整，如南京农业大学、华中农业大学、西北农林科技大学等部分农业重点高校划归为教育部直属管理，华南农业大学、西南农业大学、沈阳农业大学等农业高等院校全部实行部省共建，由地方管理。此外，一部分农业院校通过与其他大学合并，成了综合性大学的农林类学院，甚至一些农业院校组成了非农林类高校。

到 20 世纪末，高等农林院校管理改革和调整体制已基本完成，国内逐渐形成了独立建制农林高等院校与综合类大学共同开展高等农林教育的格局。国家教育部统计数据显示，2005 年开设农科类专业的高校一共有 138 所，2006 年我国农科类专业（包括林科）在校生超过 370 000 人，比 1999 年增加 1.5 倍。近年来，一些并未开设过农科类专业的高校，也相继开始成立农学院，如北京大学农学院、郑州大学农学院等。

为了适应发展，不同类型的农业高等院校不断创新和实践农科高等教育理论和模式。在人才培养目标方面，中国农业大学的植物生产类专业则依据“通才”与“专才”教育相结合的模式，将人才培养目标定位在：学生的专业知识、能力、素质结构能适应社会市场经济发展，并具备较强的适应能力，毕业后能在涉农类企事业单位从事与农业生产有关的科技培训、产品推广、专业基础教学等工作。浙江大学的农业生物技术学院立足于本校教育资源，重点培养推动农业现代化与生命科学发展的高素质创新型人才。学院采用“宽口径、厚基础”的课程设置模式，并围绕“多学科交叉培养、强实践教学、提高社会适应性”的培养方针，将学生按培养目标分类，进行分化式培养，即部分学生考研究生、继续攻读硕士博士学位，部分学生到民营企业或外资企业工作，部分学生在政府部门工作。北京农学院将发展目标定位于都市型现代农业大学，致力于服务首都经济和都市农业，为实现都市农村区域的城市化、农业现代化、农民知识化提供科技、智力、人才等方面支持。在课程内容设置和教学方式方面，对人才培养方案进行大幅度调整与改革，主张改变过于注重理论知识传授的方式，加强实践教学和学生创新意识的培养。建立“基础课程＋选修课程模块”平台，进一步扩大专业选修课程范围，以拓宽传统农科类专业口径。在人才培养模式方面，中国农业大学率先实行文理科大类招生，后续实施“通用性学科平台教育＋专业模块”的人才培养模式，旨在体现专业特色和人才培养个性要求；南京农业大学实行“宽口径的公共知识课程＋专业特长”模式，优化人才知识与素质结构；西北农林科技大学则实行产学研互相结合的模式，以培养知识、能力、素质三方面综合发展，具备厚基础、适应能力强的复合型创新人才。

第二节　我国农科高等教育取得的进步和存在的问题

一、我国农科高等教育取得的进步

（一）中国特色的农业高等教育体系日趋完善

经过一百多年的发展，从模仿日本，转而参照欧美、全面学习苏联，到后来学习借鉴欧美、日本教育模式并结合中国实际，在办学理念、管理体制、培养目标、教学模式等方面都经历了反复调整与变革，探索出了一条适应中国经济发展特色的农业高等教育发展道路。尤其是1999年高等教育扩招后，农业高等教育有了跨越式的发展，农林院校的办学条件有了较大改善，招生规模、人才培养质量不断提高，学科结构、层次结构和地区分布更趋合理，形成了以全日制本专科教育为主体、研究生教育为龙头、留学生教育为窗口、继续教育及干部培训为补充的农业高等教育体系，并日趋完善。据统计，截至2018年底，我国独立设置的本科农业（农林）高校有38所、教育部直属高校6所，在校生数量已经达到86.6万人。

通过发展，国内重点农林类大学结合自身特点都形成了办学特色。中国农业大学正朝着“具有中国特色、农业特色的世界一流大学的目标阔步迈进”；西北农林科技大学正努力实现“突出产学研紧密结合办学特色、创建世界一流农业大学”战略目标；南京农业大学则在“朝着世界一流农业大学目标迈进”；华中农业大学的目标是“建成特色鲜明的研究型大学”；北京林业大学的目标是“国际知名、特色鲜明、高水平研究型大学”；湖南农业大学正在为“全面建成特色鲜明、优势突出的高水平教学研究型大学而不懈努力”；东北林业大学“力争到2022年使学校综合实力稳居国内同类高校前列，到2032年努力建设成为特色鲜明的高水平研究型大学，到2052年（建校100周年）努力建设成为世界一流的林业大学”；南京林业大学“努力把学校建设成为以林科为特色，以资源、生态和环境类学科为优势，具有一定国际影响的高水平特色大学”；华南农业大学的目标是“努力把学校建设成为以农业科学和生命科学为优势，以热带亚热带区域农业研究为特色，整体办学水平居国内一流的教学研究型大学”。

（二）农业高等教育的内涵建设稳步推进

在推进内涵式发展方面，国内农林院校近年来做了许多尝试与努力，形成了比较完整的学科和专业体系，学科建设呈现多元化及综合化发展趋势，且有一批学科跻身世界顶尖学科行列。

根据2017年9月教育部、财政部、国家发展改革委公布的“世界一流大学和一流学科建设高校及建设学科名单”，中国农业大学和西北农林科技大学进入一流大学和一流学科建设高校名单，北京林业大学、东北农业大学、东北林业大学、南京林业大学、南京农业大学、华中农业大学及四川农业大学进入一流学科建设高校名单，其中，南京林业大学作为非“985工程”“211工程”高校入围。此外，清华大学、中国人民大学、同济大学、东南大学、浙江大学及海南大学6所非传统农林高校也有农林类学科上榜。2017年10月24日，《美国新闻与世界报道》发布了“全球最佳农业科学大学”排名，中国15所涉农高校跻身前200名，3所高校进入全球前10名。当前，中国农业高等教育也逐步与国际农业高等教育的最新发展理念、发展标准同频共振，世界农业高等教育开始融入中国元素。

（三）我国已成为世界农科人才培养第一大国

21世纪以来，我国农科高等教育规模飞速发展，已成为世界农业高等教育第一大国。当前，我国举办涉农专业的本科高校538所、高职院校162所，涉农本专科专业每年招生近20万人。以农学专业为例，2016年在校博士研究生14 291人、硕士研究生57 132人、本科生279 373人、专科生179 040人，每年都可以源源不断地培养大批高素质农林人才。

（四）我国已成为世界农科论文第一大国

随着我国农业高等教育的不断增强，农业科技也取得了飞速的进步。2017年基本科学指标数据库数据显示，我国在ESI数据库农业科学领域发表论文数达9 597篇，超过美国2 161篇；总被引次数达4 266次，超过美国631次，已成为农业科学领域论文与引文第一大国。在2017年中国科学院科技战略咨询研究院和科睿唯安公司联合推出的《2017研究前沿热度指数》中，我国农业、植物学和动物学领域前沿热度指数得分仅次于美国，居全球第2位。

（五）部分农业学科领域已处于世界一流行列

近十余年来，中国农业高等教育重点瞄准科学研究和产业服务发力，目标明确，取得了丰硕成果。2018年，中国有8所涉农高校进入世界百强，其中，前5名1所，前10名3所，前20名5所；目前已有48所高校进入ESI农业科学领域世界前1%，占农业科学学科领域上榜大学和科研机构总数的6.1%。中国农业大学进入世界前10名，浙江大学、南京农业大学、江南大学、中国科学院大学进入前50名。在为国家和地方农业产业服务中，各高校探索出了富有自己特色的技术推广、产业合作、人才培训、对口支援、定点扶贫的方式方法，有力推动了农业进步。与此同时，农业高等高校学科呈多元化趋势，中国农业大学、南京农业大学、华中农业大学、西北农林科技大学和北京林业大学等高校进入ESI世界前1%的学科领域已超过5个。

二、传统农科高等教育存在的问题

在为我国农业高等教育所取得的成绩欢欣鼓舞的同时，也应看到农林高校在学科建设与人才培养方面存在着诸多问题，尚不能完全适应我国发展“三农”、振兴乡村的需求。

（一）农业科学人才的知识结构存在欠缺

我国农业高等教育仍存在人才培养结构与市场脱节、课程体系陈旧、重专业教育轻通识教育、农科大学生基础学科知识不厚、运用现代科学技术的能力不足、人文素养欠缺等问题，与适应农业 3.0 到 4.0 背景下的农业农村现代化人才需求尚存在差距，迫切需要推进农业人才培养供给侧改革。

（二）学科结构相对单一，多学科交叉融合不足

我国农业高校在农业领域的优势学科主要集中在传统的种植与食品加工领域，优势学科相对单一，与其他学科的交叉不足，与农业产业链与价值链结合不足，与人类营养健康、资源集约利用、生态文明建设等领域的衔接不足。

（三）教育内容与现代科学技术结合不够

在传统种植、养殖领域与现代科学技术结合方面存在很大差距，农艺与现代农业智能装备、设施农业等存在彼此孤立发展的问题，智慧农业研究水平仍较低。

第三节 我国农科人才培养存在的问题

一、传统农科人才培养存在的问题

长期以来，高等农林教育秉持行业特色，在计划经济时代为国家培养了大批农林行业高级专门人才。然而随着时代的进步和科技的发展，传统农科教育存在的一些不足也日益显现。传统农科专业人才培养中存在的问题主要表现在四个方面。第一，教育教学价值引领不够，各教学环节“学农、爱农、为农”的主题主线不突出。第二，人才供给与市场需求不匹配，既存在专业点布局对产业链支撑度不够的问题，也存在专业内涵建设、人才培养目标和规格与现代都市型农业发展需求适应度不高的问题。例如，课程体系陈旧，专业教育过窄、通识教育不足，单科性、实用性思维比较明显，从而造成学生综合能力不强、通用知识不足、适应性不高、视野不宽。第三，学校办学借势借力不够，政、校、行企协同育人机制不健全，校外资源没有得到充分利用。第四，激励保障机制不聚焦，人才培养缺乏顶层设计和统筹考虑。

目前，我国涉农高校在人才培养上还是侧重专科型人才，与产业对多学科、多门类技术的交叉运用背景下的跨界人才需求不够契合，迫切需要进行农林人才的供给侧结构性改革，重建人才培养模式，培育服务新产业、新业态的“新农人”。有学者分析研究中国农业大学等 8 所代表性农业高校的农学专业人才培养方式发现，案例学校在培养目标体系、课程结构体系及实践教学环节等方面亟须解决的问题有四个。

（一）培养目标体系与亟须建设的新农科核心素养不符

前人研究各案例高校的培养目标均体现出本科专业教育的学术性、专业性和基础性 3 个核心理念，并涵盖了知识、能力、素质 3 个基本要素。各个高校

均强调基础知识及基本技能方面的培养规格，且表述趋于一致，而对新农科所要求的创新能力、国际视野、人文素养等综合素质的描述，出现频率较低。对掌握互联网、人工智能、大数据、安全技术等信息技术在农业生产上的应用能力和知识结构，更未提出明确要求。同时，结合培养要求的基本构成及其参考点分布情况，可知案例高校专业培养要求侧重于专业性知识和应用型知识的掌握。创新创业能力、人文社科知识、身心素质与思想道德素质等方面在一定程度上受到忽视，尤其是国际视野和国际理解能力培养鲜有涉及。

（二）课程结构体系对高质量农业人才培养的支撑度不够

课程是高等教育资源的基本单位，课程设置及其结构关系是学生为达到培养目标所应当学习的内容的体现。案例高校通识教育学分平均占比为31.3%、专业教育学分平均占比为43.0%、拓展教育学分平均占比为6.7%、实践教学学分平均占比为19.0%，说明我国高等农业人才培养模式的专业课程占比相对较高，实践教学课程和拓展教育课程供给亟待提升。

新农科人才培养更注重个性化发展，强调通识教育与专业教育贯通，人文精神和科学知识交互培养。案例学校中有5所学校的必修课比例达60%以上，呈现出对必修课学分要求较高，而对选修课学分要求相对较低的情况，不能满足不同学生的个性化需求，不利于培养创新型人才。此外，现行的农学专业课程中，信息技术、工程技术、营养健康、文史哲类课程供给不足或缺乏，不利于高质量农业人才培养的结构调整。课程结构需要改造、课程供给结构和种类需要提升、必修和选修课程的比例需要调整、文史哲类课程提升农学专业人才人文素养的认识需要提高。

（三）实践教学环节与高速发展的产业技术结合不够紧密

实践教学在培养学生的实践创新能力和综合运用能力等方面具有十分重要的作用，很多农业院校的农科专业都存在实践教学学时偏少、实践内容与理论教学内容脱节、实践方式方法落后、实践教学基地建设不足等问题。

对于农学专业这一实践性较强的专业而言，实践教学环节是培养合格人才的关键。《教育部关于进一步深化本科教学改革，全面提高教学质量的若干意见》中规定“理、工、农、医类专业实践教学环节学分一般不应少于总学分的25%。”各高校实践课程学分平均占比为19.0%，说明当前的课程体系仍存在重理论轻实践的现象，且传统专业基础实践占较大比例，用以提升综合运用能力及科研创新能力的实践环节配给不足。只有部分高校开设了科研训练课程和创新创业实践课程，且仅有中国农业大学开设了农业信息技术实验、农业机械化与工程技术实验，重视农学与信息技术、工程技术的交叉培养。尽管各案例高校均构建了全程贯通的实践教学体系，但多数高校实践教学资源及实践教学方式与农业产业前沿技术吻合度不够紧密，在一定程度上束缚了对学生实践创新素质的培养，最终导致毕业生的动手能力差、解决现实生产问题的能力差、创新能力薄弱。

（四）人文素质培养相对薄弱，人文环境氛围淡化

人文知识的获取和人文精神的培养不仅可以帮助学生顺利适应社会生活和工作，还可以为学生提供强大的精神动力和支持。长期以来的“专才”教育思想和实践，使大学生人文素质教育成为我国农业高等教育的一个软肋。农科大学生的人文素质提高的主要途径是人文类选修课和校园文化的影响，但在实践中，即使是教育部属的高等农业院校，人文素质课程的开设也相对偏少，同时校园文化的建设相对薄弱，造成农业院校本科学生发展缺乏深厚的文化根基，在一定程度上制约了学生人文精神的培养和创新创造能力的提高。

二、新农科背景下农业人才培养存在的问题

什么是“新农人”、如何培养“新农人”等问题，是新农科建设过程中需要研究的重点课题。“安吉共识”明确提出，要打造人才培养新模式，实施卓越农林人才教育培养计划升级版，深化多学科背景和复合应用型农林人才培养。但在新农科建设的实际开展过程中，一些高校新农科人才的培养仍然面临着许多问题，突出表现在以下四个方面。

（一）学生专业思想不稳定

长期以来，社会和学生对农科专业的偏见，导致涉农专业冷门，很大一部分学生是调剂或降分录取到涉农专业的，学农、爱农、从农的认同感并不是很强，存在部分学生一入校门就想转出涉农专业的情况。再加上当前高等教育中降低了转专业门槛，政策从以前的“转出有门槛，转入有条件”调整到“转出无限制，转入降门槛”，涉农学生转到非农专业变得比以前任何时候都容易。特别是地方性综合大学由于专业门类多，特别是非农专业门类多，学生转专业的机会多、范围广，有转专业愿望的学生和成功转专业的学生的比例较普通涉农高校高，导致涉农专业学生思想不稳定，甚至一部分原本愿意认真学农的学生会受转专业学生的影响，不仅会使原本不打算转专业的学生盲从跟风调剂到非农专业，而且会使未转专业学生的学农、爱农、从农的专业思想产生动摇，这对稳定农科类学生的专业思想极为不利。

当前，涉农专业学生的专业思想不稳定的现象更为突出，甚至有部分涉农专业学生就是奔着转专业来的，入校后专业思想极为不稳定。另外，在当前城市环境优于农村的条件下，毕业生面向基层择业、扎根“三农”意愿不强，“离农”择业、“脱农”就业的思想还较为普遍，从而造成在校生认为学习农科专业知识就业时不会用到或不一定能用到，学习积极性不高、动力不足，学习专业知识的努力程度不够，这都会影响新农科人才的培养质量。学

习农科专业的学生大多来自农村，他们普遍关注自身的未来发展，提早准备、积极面对，努力提高学历层次和就业层次。但目前部分农科专业大学生就业心理十分复杂，普遍缺乏吃苦耐劳精神，担心就业困难，而且不愿到农村和基层工作。

（二）人才培养理念落后

新农科强调打造人才培养新模式，对接农业创新发展新要求，着力培养一批“懂农业、爱农村、爱农民”的现代农业人才。同时，脱贫攻坚、乡村振兴、生态文明和美丽中国建设等重大战略对人才培养理念提出了更高要求。传统农科人才培养目标缺乏特色、规格单一、层次偏高、类型模糊、模式趋同。多倾向于研究型以及理论型人才培养，忽视了应用型、实践型、创新型人才培养，人才的综合素质未得到全面发展。传统的高校人才培养模式下，过于强调课堂学习，但对复合型、交叉型以及技能型人才的培养重视程度不够，这种单一化的人才培养模式不仅难以满足现代农业的实际发展需求，更难以实现人才培养理念的更新。

（三）学科交叉推进缓慢

课程体系陈旧、重专业教育轻通识教育、基础学科知识不厚、运用现代科学技术的能力不足、人文素养欠缺等问题，与适应未来农业发展的新需求尚存在差距。新农科建设的重要特征是多学科知识交叉融合，当前农学专业与其他学科间交叉推进缓慢，专业知识结构孤立，缺乏与经济学、管理学、信息学等学科知识的有机结合。一是理论知识较多沿袭传统农学专业的知识体系，缺乏对本专业学科发展新动态、新科学、新技术的融合；二是实践教学比重小、环节少、内容单一，部分环节由于学生人数多、条件限制而流于形式，教学效果差。同时，缺乏创新创业实践，与农业农村现代化和乡村一二三产业融合发展的人才需求差距较大，无法适应未来农业对人才知识多元、能力多样、素质全面的要求。

（四）学校办学资源限制

地方综合性大学多数是由原来办学层次相对较低的单科性或多科性院校合并组建而成，办学资源和管理制度会对新农科人才培养产生不利影响。首先，地方综合性大学多数专业本科层次的办学历史较短、资源总量有限、资源质量不高、办学积淀不深，普遍存在专业特色不突出（“金专少”），教学质量相对较弱（“金课少”），教学内容重理论轻实践（“高地少”）的问题。其次，在多数地方综合性大学，涉农学科多为弱势学科，在办学资源有限的条件下，学校往往优先发展优势学科，造成涉农学院学科建设、师资引进、建设经费等方面处于劣势，限制了涉农学科的建设和发展。再次，缺少高水平、高层次的中青年学术带头人，尤其缺少一流水平的年轻学科带头人。一些学科师资队伍断层问题依然存在，学术梯队结构不尽合理。此外，传统性、基础性学科专业的师资过剩，应用型和高新技术型的师资匮乏；加上人才引进措施不得力，导向不明确，难以吸引高层次人才。最后，地方综合性大学合并后二级学院数量偏多，在现有的管理模式下，学校在管理、考核、分拨经费时通常是以学院为单位，阻碍了跨学院、跨学科、跨专业的合作，教学资源不能共享，造成小型仪器资源重复建设，先进的大型仪器设备买不起的现象，不能将有限资源的效益最大化，从而影响了教育管理效率和教育质量的提升。以上所述的地方综合性大学的办学资源劣势都会影响新农科人才培养质量。问题的存在使得教学质量和科研水平均难以提高，学科难以实现跨越式发展。

三、农科创新型人才培养存在的问题

（一）对创新型人才没有全面深刻的认识

培养创新型人才，首先要有创新型人才的培养目标。然而当前对创新型人才培养目标的认识模糊是农业院校的一个共性问题，在制定培养目标时走进固化思维，将创新型人才这一概念直接嵌入原有的人才培养目标中。这使得各农科院校的人才培养目标存在笼统不好操作、缺乏个性和特色等问题，更重要的是脱离了社会现实和时代的要求，以致培养出来的大学生“同质化”现象严重，缺乏专业优势和专业特长，与社会需求脱节，在就业市场上辨识度不高、不具备竞争力。这主要是由于学界对创新型人才的界定不统一，国家对于什么是创新型人才的相关标准也没有严格的限定造成的。

（二）对学生实践能力的培养重视不够

从培养学生综合素质的角度来看，实践活动对学生创新能力的养成至关重要。各高校也在教学计划中安排了教学实习、社会实践等环节，但现今的人才培养中对实践教学手段、方式和方法没有上升到一定高度。实践教学并不是每学期组织学生到定点的基地参观，有效的实践教学需要和就业联系起来，让学生切身感受到自己所学的知识是如何在实践中得到应用的。另外，提升实践能力不只是学生的事情，提升教师的实践能力也很重要。目前，很多年轻教师都是毕业后就直接留校任教的，在实践中亲身验证的经历较少，对学生实践能力的培养也就很难真正与实践接轨。

（三）缺少对创新型人才评价的标准

目前，我国缺少对创新型人才培养的评价机制，这可能是因为各类高校各具特色，对创新型人才的界定和培养的要求也各具特色，所以并没有统一的对创新型人才培养的评价指标。这就要求各类高校在国家的大政方针指导下，依据各具特色的创新型人才培养目标，建立符合高校实际的创新型人才培养评价体系。并且，这一体系应当与高校的教育教学管理质量评价体系紧密相连，按部就班地实施，客观地评价、反馈，及时修订并不断完善。

四、农科应用型人才培养存在的问题

新农科应用型人才主要是应用知识解决农业生产实际问题，实现我国农业发展与农业现代化对这类人才具有广泛的需求。然而，目前农科类应用型人才培养面临着诸多问题。

（一）难以适应农业现代化发展的需要

以人工智能、无人控制技术、量子信息技术、虚拟现实以及生物技术为代表的第四次工业革命已经来临，传统农业技术正在以生物技术和信息技术为中心进行重组和改造，其对农业院校的新农科人才培养产生了巨大的冲击。目前，农业院校学科专业发展不平衡，学生也多是在专业方面训练有素，但人文素养普遍弱化、学科视野有所局限，欠缺解决实际问题的创新能力与实践能力，与新农科建设所需人才尚有差距，人才培养跟不上农业农村现代化发展进程，更不能很好地服务于乡村振兴。

（二）教育经费投入难以满足实践教学的需要

受多种因素影响，地方应用型农业院校的教育经费普遍存在投入不足的现象，而新农科应用型人才培养则需要实践基地建设、教师综合应用能力提升和学生创新能力培养等教育经费的投入，以支撑其人才培养目标的实现。通过对2020年32所地方农业本科高校办学经费状况进行分析，可以看出应用型农业院校的预算收入比其他地方农业本科高校的预算收入低。总体来看，不同类型高校之间经费差异性较大。吉林农业科技学院作为典型的地方应用型农业院校，办学经费主要来源于吉林省财政拨款、学杂费、经营收入、社会捐赠和其他收入等，但受办学规模所限，学校现也存在着办学经费投入不足的问题。2020年学生创新实践所需的新增教学科研仪器设备投入为2 092.49万元，虽高于全国新建本科平均水平，但近年来却呈下降趋势，与2019年相比减少21%，导致培养新型农业人才所需的先进教学仪器设备资源短缺，尤其是涉农专业的现代农业设备。另外，学校办学所需教学用房、实验室使用面积不足，分别低于全国平均水平的13%和11%。由此可见，教育经费已经成为制约学校发展的一大瓶颈，从而制约了新农科应用型人才培养所需各种实践资源的建设。

（三）教师综合应用能力难以适应实践能力的需要

教师是人才培养的主力军，其能力水平直接影响人才培养的质量。应用型农业院校中，教师的农业技术理论基础扎实，但是往往缺乏信息化素养、创新能力与实践服务能力，不能很好地适应培养高素质、复合型农业新人才的教学需要。因此，在新农科背景下，应用型农业院校教师的综合应用能力亟待提升，要提高知识的丰富度，把农业技术理论有机地贯穿于实践中，并能够分析、解决农业生产实践中遇到的各种难题，成为综合素质强的复合型教师，为培养适应农业农村现代化的高素质新型农业人才提供强大的师资保障。

第三章

新时代农科高等教育肩负的使命

第一节　我国高等教育的使命

一、中国近现代高等教育使命的变化

（一）新中国成立前

19 世纪中期到 20 世纪中期，是中国历史上最为困苦的一段历史，但是却是中国大学产生和发展的契机。

1. 外部环境

1810 年德国柏林洪堡大学创办，开始广泛地影响各国。政治动荡下，爱国人士不约而同地将注意力集中在了教育上，为长期处于集权控制下的高等教育开辟了新出路。经济上，中国民族资本主义的发展奠定了物质基础。文化上，我国先进知识分子将西方先进文化带到了中国。最明显的表征是西方近代社会科学的各个门类被大量引进高等教育的课堂，引进或翻译的西方教科书大量出版。

2. 内在“基因”

一是爱国主义思想，中国自古以来教育的最终追求便是将自己的学识贡献于这个国家的发展，爱国就是教育发展传承的一种内在基因。二是儒家文化，由于古代高等教育特别重视儒家典籍的研习，儒家文化深入中国高等教育的方方面面。京师大学堂设有经学科，而且置于各学科之首。即使在民国时期，儒家传统文化也体现在当时的大学中。

3. 特征

一是“救国”使命。从“师夷长技以制夷”到抗战救国要靠教育，爱国人士坚信高等教育是促进国家独立、民族复兴的重要力量。二是追求“民主”与“自由”。

（二）新中国成立至改革开放前

这一时期是新中国诞生初期，是高等教育在迷惑中发展的阶段。

1. 外部环境

政治上，新中国成立初期国家建设百废待兴，高等教育开始模仿苏联模式，进行院系调整和拆分。“文化大革命”对传统文化的打击影响了高等教育的发展。经济上，高等教育采取中央统一财政与分级管理模式，实行集中式管理。文化上，“双百方针”的出台在一定程度上促进了文化的繁荣，推动了中国高等教育的发展，但是随着“文化大革命”的开始，中国高等教育受到了近乎毁灭性的打击。

2. 内部“基因”

这一时期的中国高等教育最主要的一部分经历了毁灭性打击，即“文化大革命”对儒家文化的打击。儒家文化是中国古代、近代高等教育的一部分，在此时受到全盘否定，从而开始出现中国高等教育自身“基因”的断裂。

3. 特征

这一时期高等教育的使命就是维护新中国政权的稳定。在这一根本目的指导下，20 世纪 50 年代初到 60 年代中期的社会主义成功改造和建设以及后来国防建设上取得的成就，可以说在很大程度上就是高等教育培育高层次人才的结果。总体而言，高等教育在这一时期深刻地体现了“高教护国”的历史使命。

（三）改革开放至今

改革开放以来，我国跨入了一个高速发展的历史时期，在相对稳定的政治、经济、文化环境下，高等教育开始了真正意义的发展。

1. 外部环境

国际上，美国现代大学诞生，高等教育使命突出社会服务内涵。国内政治上，改革开放基本国策确立，一系列高等教育基本的政策法规颁布，使中国的高等教育重新走向世界。经济上，高等教育财政制度开始调整，加大了政府的扶持力度，为高等教育的发展奠定了物质基础。文化上，大量西方高等教育文化著作涌入中国。

2. 内部“基因”

在这一阶段，中国高等教育寻求“自由”的基因开始发挥作用。首先，高等教育的大众化、引入民间资本办学，开放了大学的生源准入与市场准入门槛，使一直处于被政府控制的大学有了可以寻求“自治”的契机。其次，大学自治成为中国高等教育的呼声，进行了广泛的学术讨论。

3. 特征

一是在我国一系列促进科技创新发展政策要求下，高校努力为科技自主创新提供智力保障。二是高等教育作为文化交流传承最主要的阵地，在世界文化交流日益频繁的情况下，引导社会主义先进文化发展。三是高校扩招政策的实施，使中国高等教育用了短短十几年的时间就实现了从精英化向大众化的转变，目前已进入了普及化阶段。

二、新时代中国高等教育的使命

党的十九大报告是马克思主义理论中国化、时代化的创新成果，是面向新时代我们党不忘初心、牢记使命、继续前进的政治宣言，是治国理政的行动纲领。习近平新时代中国特色社会主义思想，是中国教育改革发展的根本指南。贯彻落实党的十九大精神，加速建设高等教育强国，加速实现教育现代化目标，办好人民满意的高等教育，是高等教育肩负的神圣使命。

1. 适应“新时代”要求，加速建设高等教育强国

习近平总书记在党的十九大报告中，从新时代的历史方位和战略高度，庄严宣告“坚定实施科教兴国战略、人才强国战略、创新驱动发展战略”。总书记指出，中国特色社会主义进入新时代，中华民族迎来了从站起来、富起来到强起来的伟大飞跃。“两个一百年”目标、中华民族伟大复兴中国梦的实现，归根到底靠人才、靠教育。我国从站起来、富起来到强起来的伟大飞跃，与高等教育从精英教育到大众化再到普及化三个阶段快速发展的轨迹大体是一致的。现在，我国高等教育事业已经取得举世瞩目的巨大成就，站在一个新的时代起点上。这意味着我国高等教育事业在由大众化迈向普及化阶段的同时，将进一步实现质量水平的快速提升；意味着我国从高等教育大国到高等教育强国、人力资源大国向人才资源大国的战略性转变，“人口红利”向“人才红利”的跨越，是历史的必然。科技强国、人才强国的基础工程是教育强国，“教育红利”就是人才红利。世界上大国的崛起无不伴随着教育的强盛。当今世界，科技日新月异，竞争日趋激烈，各国纷纷调整发展战略，更加注重科技进步和创新驱动。创新是引领发展的第一动力，源源不断的人才资源是我国在国际竞争中立于不败之地的核心竞争力和后发优势。建设高等教育强国，就是要按照总书记的要求，进一步增强国家创新发展能力和核心竞争力，“培养造就一大批具有国际水平的战略科技人才、科技领军人才、青年科技人才和高水平创新团队”“为建设科技强国、质量强国、航天强国、网络强国、交通强国、数字中国、智慧社会提供有力支撑”；就是要在国家创新体系中更加发挥主力军作用，深化教育科技体制改革，促进科教密切结合、产学研深度融合，瞄准世界科技前沿，强化基础研究，实现前瞻性基础研究、引领性原创成果重大突破；就是要“使更多的人接受高等教育”，从整体上提高国民素质，为“建设现代化经济体系”提供战略支撑，为促进社会全面进步，建设富强、民主、文明、和谐、美丽的中国做出应有的贡献。

2. 把握“新矛盾”的特征，努力满足人民对于优质教育的需求

习近平总书记在党的十九大报告中关于“提高保障和改善民生水平，加强和创新社会治理”部分，首先强调的就是“优先发展教育事业”。优先发展教育是国家战略，也是最大的民生理念。党的十八大以来，以习近平同志为核心的党中央坚持把教育摆在优先发展的战略位置，取得举世瞩目的伟大成就。“教育事业全面发展，中西部和农村教育明显加强”。在高等教育领域还存在两个突出矛盾：一是高等教育发展总体上还不够充分、供给不足的矛盾；二是高等教育发展水平还不均衡、不全面的矛盾。我国高等教育经过了跨越式发展，但总体上还处于大众化向普及化发展的阶段。即使2020年高等教育毛入学率达到54.4%，基本普及高等教育，但相对短缺的优质教育资源与世界最大规模的高等教育体系，与人民群众对于高水平教育的渴望也仍有差距。因此，在更高水平上发展高等教育事业，是中华民族伟大复兴的基础工程，关系人民福祉，关系千千万万家庭的幸福。

3. 按照“新任务”的目标，加快教育现代化步伐

习近平总书记在党的十九大报告中，明确提出了在本世纪中叶建成社会主义现代化强国的“两个十五年”的战略目标，并明确要求“加快教育现代化，办好人民满意的教育”。“教育现代化”的目标是我国建成富强、民主、文明、和谐、美丽的社会主义现代化强国的题中应有之义，是达成这一战略目标的关键要素。教育现代化首先是教育理念现代化。中国教育要在自尊自信、发扬成绩、发挥优势的同时，进一步与时俱进、改革创新，更加符合教育规律、更加符合人才成长规律。要全面贯彻党的教育方针，发展素质教育，落实立德树人根本任务，大力弘扬社会主义核心价值观，教育学生树立正确的历史观、民族观、国家观和文化观，培养德、智、体、美全面发展的社会主义建设者和接班人。教育现代化意味着更高水平、更高质量的教育。在巩固提高基础上，要着力解决好发展不平衡、不充分的问题，在更高水平上实现“学有所教”。加快建设学习型社会，大力提高国民素质并引导合理预期，不断满足人民群众对于优质教育日益增长的需求。高等教育还要关心和反哺教育系统的上游和中游，责无旁贷地为各级各类教育发展提供强有力的支持。为实施乡村振兴战略，重塑和加强农村教育，为教师教育战略性转变，为学前教育、职业教育、特殊教育发展伸出援手。

4. 加快一流大学和一流学科建设，实现高等教育内涵式发展

科学技术发展的历史表明，世界科技中心从意大利—法国—英国—德国—美国转移的线索，与世界顶尖大学的历史变迁基本一致。中国特色社会主义现代化建设进入一个新的时代，我国高等教育经过了跨越式的发展，正处于大众化高等教育向普及化高等教育的进程之中。建设高等教育强国，是我国建设社会主义现代化强国的必然要求。统筹推进世界一流大学和一流学科建设，关系国家的核心竞争力，是我国高等教育改革发展的重大战略决策，标志着我国从高等教育大国到高等教育强国的历史性跨越。加快建设“双一流”，必须持续加大支持力度，发挥我们体制的优越性，集中力量办大事，国家、社会、学校要形成合力，社会舆论要支持。加快建设“双一流”，必须推进体制机制创新。瞄准世界一流大学，完善大学治理结构，建立现代大学制度。加快建设“双一流”，必须实施新的人才战略，在国际竞争中占领制高点。人才是一流大学最重要的战略资源，要实行更加积极、更加开放、更加有效的人才政策，聚天下英才而用之，以识才的慧眼、爱才的诚意、用才的胆识、容才的雅量、聚才的良方吸引人才、集聚人才，让优秀人才创造活力竞相迸发、聪明才智充分涌流。加快建设“双一流”，还要引领和同步推进高等教育整体水平提升。加快一流大学和一流学科建设，初衷是通过重点支持、示范引领，带动整个高等教育的内涵发展，两者是相互促进的。纵观世界高等教育发展史，一流大学不可能是某个大学单兵突进、一枝独秀。“九层之台起于垒土”。世界一流大学无一例外，都是以本国高等教育整体水平为基础而崛起的。“双一流”建设任重道远，需要我们做出艰苦的努力。

5. 落实全面深化改革布局，推进大学治理的制度创新

一流大学需要一流的制度。教育现代化首先是教育治理体系和治理能力现代化。支持高等教育在量的扩张之后实现新的跨越，最为紧迫的还是制度供给。党的十八大以来，高等教育领域从考试招生改革、扩大省级统筹权，到五部门加快“放管服”，“深化教育领域综合改革”取得积极成效。推进教育现代化，促进高等教育内涵发展，必须按照习近平总书记“坚持全面深化改革”和“深化教育改革”的要求，进一步持续深化高等教育领域综合改革。习近平总书记在十九大报告中强调，要加强师德师风建设，培养高素质教师队伍，倡导全社会尊师重教。教书育人这项宏大工程，归根到底需要教师恪尽职守、呕心沥血、一点一滴地筑就。进入21世纪以来，国家和地方采取了一系列措施加强高校教师队伍建设，面向高校先后实施“长江学者特聘教授”“教学名师”等人才计划，引才、聚才、用才取得显著成效。但是，优秀人才和高素质师资的缺乏仍然是制约高等教育质量的瓶颈。教育强国必须强教师，教育现代化的目标，就是对教师素质的要求。要下决心采取更加有力、有效的措施，吸引更多优秀人才乐于从事高等教育工作；鼓励优秀教师人才向边远贫困地区、边疆民族地区和中西部高校流动；激励广大教师为教书育人的崇高使命贡献自己的聪明才智。

第二节　新时代高等教育面临的新形势和新使命

2017 年 9 月 28 日，教育部高等教育司司长吴岩召开新闻发布会时指出，新时代高等教育面临着新的形势，中国是不是高等教育强国，必须在国际视野下看我们有没有影响力、有没有感召力、有没有塑造力，是不是开始走进世界舞台中央，在世界高等教育发展中有没有中国声音、中国元素、中国方案。

一、新时代高等教育发展面临的新形势

（一）人才培养的新形势

新时代对人才的需求发生了变化，用人单位在人才选用时对学生成绩的要求有所降低，相反更重视学生的综合能力。这就要求高校在进行人才培养时应重视对学生专业能力、创新能力、实践能力等素质的综合培养。同时注意培养学生的道德素质，全面提高高等教育的人才培养水平。

（二）教育国际化新形势

在全球化的影响下，高等教育也面临国际化发展的新形势。当前我国高等教育面临的严重问题主要体现在两个方面：一是在教育国际化的影响下许多高素质人才流失，二是教育的商业化发展气息加重逐渐显现。为此在教育全球化的时代背景下，我国高校必须树立全球化的教育思想，提高国际化教学水平，创造国际化教学环境等，进一步提高我国高等教育的国际化教学水平。

（三）教育科技化新形势

当今时代是科技高速发展的创新时代，高校发展面临着教育科技化发展的新趋势。高校的科技研究是我国科研的重要组成部分，高等教育必须实现科技发展的创新。一方面，高校必须提高科技化的教学水平，培养高素质的科研人才。另一方面，高校教育必须加大科研力度，提高其科技化发展水平。

（四）高等教育部分产业化

在市场经济发展的影响下，我国高等教育的建设与发展也面临着产业化发展的新形势。一方面，高等院校中民办与独立院校的数量正逐渐增多，规模也逐渐扩大。这两种高校成立与发展有利于培养专业技能较强的，适合当地建设发展需求的人才。另一方面，校办企业及大学科技园作为高校产业化发展的重要内容，其数量不断增加。高校创办校园企业与科技园，加强创新人才的培养，同时也可实现创收，增加高校的资金来源。

二、新时代高等教育面临四大变化

党的十八大以来，我国高等教育在由大到强的迈进过程中，正面临着四大

变化。

（一）地位和作用的变化

之前，我们更多强调的是高等教育的基础支撑作用，现在由于它的体量和质量的变化，我们要强调高等教育支撑和引领作用并重，且随着高等教育强国建设，引领的分量要逐渐加大。我国经济社会发展要想保持中高速、迈向中高端可持续发展，最大的红利、最重要的牵引力就是高等教育。高等教育要发挥好这种作用。

（二）发展阶段的变化

中国高等教育已经从后大众化阶段向普及化阶段迅速迈进。我国高等教育毛入学率从2002年的15%提高至2021年的57.8%，已步入世界高等教育发展进程的一个新阶段——普及化阶段。中国高等教育只用了十几年的时间就完成从大众化向普及化的转变。一个国家的高等教育进入普及化阶段，意味着高等教育开始成为其国民的基本需求，高等教育开始成为国民职业生涯的“基础教育”。

（三）类型结构的变化

当一个国家高等教育发展到高级阶段，由于规模的变化和质量的提升，引领国家发展的一定是多样化的高等教育，而不是单一的“同构化”高等教育，多样化将成为一个国家高等教育最显著的特点。不同类型的学校都可以成为“国家队”，在人才培养方面尤其如此。

（四）环境坐标格局的变化

我们的舞台是世界舞台，我们的坐标是国际坐标，我们的格局是全球格局。因此我们不仅要参与国际竞争，我们还要参与国际高等教育治理，参与高等教育标准制定。

三、新时代高等教育的定位

办学定位是高校的根本遵循，决定着学校的发展目标和未来走向，对学校发展起着基础性和导向性作用。党的十九大报告提出了七个战略，即科教兴国战略、人才强国战略、创新驱动发展战略、乡村振兴战略、区域协调发展战略、可持续发展战略、军民融合发展战略。每一个战略都与高等教育密切相关。党的十九大报告还提出建设科技强国、质量强国、航天强国、网络强国、交通强国、数字中国、智慧社会等。如果没有高等教育的人才、科技和服务的支撑，这些“强国”建设也都难以完成。一句话，新时代的国家战略和目标需要高等教育的支持。这些战略发展的基础是中华民族伟大复兴的内容，而复兴需要教育作基础。正如党的十九大报告所指出的，建设教育强国是中华民族伟大复兴的基础工程。所谓基础工程，第一它是基础平台，第二它必须率先实现。由此可见，党的十九大报告把高等教育的地位提高到了前所未有的新高度。对高校而言，办学定位既有共性特征也有鲜明的个性要求，回答“我是谁”“我之所以是我”等根本问题。

四、新时代高等教育承担的新使命

（一）目标更高

党的十九大报告指出，建设教育强国是中华民族伟大复兴的基础工程。优先发展教育，才能面向新时代、赢得新时代、领跑新时代。因此，高等教育强国要在教育强国建设中先行实现，高等教育不是适应新时代的问题，而是要赢得新时代，最重要的是要有领跑新时代的能力。

（二）任务更硬

党的十九大报告讲教育的部分有 327 个字，内涵丰富，目标更明确。比如，以前的政策是“把立德树人当作高等教育的根本任务”，党的十九大报告提出“落实立德树人”，“当作”是号召，“落实”是目标。以前的政策是“实施素质教育”，党的十九大报告提出“发展素质教育”。所以，素质教育不是实施的问题，而是发展的问题。以前的政策是“促进教育公平”，党的十九大报告提出“推进教育公平”。以前的政策是“推进高等教育内涵式发展”，党的十九大报告则提出：加快一流大学和一流学科建设，实现高等教育内涵式发展。

（三）需求更迫切

习近平总书记指出：“我们对高等教育的需要比以往任何时候都更加迫切，对科学知识和卓越人才的渴求比以往任何时候都更加强烈。”这意味着，高等教育今后的使命神圣、任务艰巨、责任重大。高等教育只有真的把一流本科教学这件事情落实了，真的做好了，才能让“更迫切、更强烈”的事情梦想成真，否则就是空想。

第三节　新时代农科高等教育肩负的使命

新农科建设是将现代科学技术融入现有的涉农专业中，并且要布局适应新产业、新业态发展需要的新型涉农专业，为乡村振兴发展提供更强有力的人才支撑。强农、兴农是国之基本，提高和改善高等农林教育必须要建设新农科。高等农业院校作为承载农业人才的摇篮，必须充分发挥引领和支撑作用，促进农业和新农科的发展。2018 年 11 月 13 日，教育部高等教育司司长吴岩在“新时代云南省本科教育工作会议”上提出加快发展新农科。2019 年 6 月 28

日，在新农科建设安吉研讨会上发布的《安吉共识——中国新农科建设宣言》（以下简称《安吉共识》）强调，要扎根中国大地，掀起高等农林教育质量革命，为世界高等农林教育发展贡献中国方案。2019年12月5日，在北京召开的新农科建设北京指南工作研讨会上，吴岩司长强调，在当今时代背景下，必须要对高校人才培养模式进行改革创新，通过新农科建设提高国家各方面实力，全面提升高等教育服务国家战略和经济社会发展的能力。随着当今农业农村发展趋势的变化，社会对高等农业院校的人才培养提出了新要求。因此，高等农业院校必须充分发挥作用，顺应当前和今后一个时期“三农”发展的趋势，对标农业科技人才队伍建设的新要求，构建以新型人才为目标的人才培养新体系，加快培养知农、爱农的新型农林人才，注重人才培养的系统性、整体性。

《安吉共识》提出，没有农业农村现代化就没有整个国家现代化。新时代赋予高等农林教育前所未有的重要使命。打赢脱贫攻坚战，高等农林教育责无旁贷；实施乡村振兴战略，高等农林教育重任在肩；推进生态文明建设，高等农林教育义不容辞；打造美丽幸福中国，高等农林教育大有作为。面对农业全面升级、农村全面进步、农民全面发展的新要求，面对全球科技革命和产业变革奔腾而至的新浪潮，面对农林教育发展的深层次问题与严峻挑战，迫切需要中国高等农林教育以时不我待的使命感、紧迫感锐意改革，加快建设新农科，为更加有效保障粮食安全，更加有效服务乡村治理和乡村文化建设，更加有效保证人民群众营养健康，更加有效促进人与自然和谐共生，着力培养农业现代化的领跑者、乡村振兴的引领者、美丽中国的建设者，为打造天蓝山青水净、食品安全、生活恬静的美丽幸福中国做出历史性的新贡献。因此，中国高等农林教育的时代担当就是要服务脱贫攻坚、乡村振兴、生态文明和美丽中国建设“四大使命”，加快建设与发展新农科，也给农科高等教赋予了新使命。

一、立德树人

人无德不立，育人的根本在于立德，这是人才培养的辩证法。办学就要尊重这个规律，否则就办不好学。2016年12月7日至8日，习近平总书记在全国高校思想政治工作会议上的讲话指出，高校立身之本在于立德树人，只有培养出一流人才的高校，才能够成为世界一流大学。习近平总书记多次指出“学校是立德树人的地方”。要把立德树人融入思想道德教育、文化知识教育、社会实践教育各环节，贯穿基础教育、职业教育、高等教育各领域，学科体系、教学体系、教材体系、管理体系要围绕这个目标来设计，教师要围绕这个目标来教，学生要围绕这个目标来学，凡是不利于实现这个目标的做法都要坚决改过来。要把立德树人的成效作为检验学校一切工作的根本标准，真正做到以文化人、以德育人，不断提高学生思想水平、政治觉悟、道德品质、文化素养，做到明大德、守公德、严私德。

新农科建设是落实习近平总书记重要讲话精神、践行立德树人的需要。新型人才培养行动，一个是立德，一个是树人。做好农业农村工作，需要有高尚的情操，要培养知农、爱农、为农的人才。新农科建设，首先要将立德树人作为教育工作的主线，立足时代发展需求，充分发挥高等农林教育在人才培养上的重要职能定位，构建适应时代发展的“五育并举”体系，培养知农、爱农、强农、兴农新型人才。

落实立德树人，首要在实现两个根本转变，即改变重智育轻德育，真正落实德育为先之基础；改变重科研轻教学，真正落实人才培养之根本。在思想认识层面要“正三观”。习近平总书记强调，没有崇高理想和良好品质，知识掌握得再多也无法成为优秀人才。德育是教育的基础性工程，智育抓不好，学生可能成为次品；德育抓不好，学生则可能成为危险品。如何冲破社会上享乐、拜金、功利等扭曲的价值观对高校影响甚嚣尘上的巨大压力，真正把德育为先落到实处，并与主体道德需求相结合，在当下尤为重要。越是经济大发展，离中国梦的目标越近，我们越要全面落实党的教育方针，坚持把德育放在人才培养的首要地位，谨记只有思想品德端正，全面发展的人才才是合格品，不能培养有才无德的危险品。

通过体制机制的大改变形成立德树人的大格局。把立德树人贯穿教育教学全过程，体制机制变革更具基础性、根本性作用。要加强党对高校的领导，通过党员校长任党委副书记，增强班子成员常委意识，确保常委职能发挥，增强高校班子的党建思政工作整体合力和整体战斗力。要通过制度建设发挥各类课程的育人功能，鼓励党政干部、名师名家讲思政课，开展学术骨干和思政队伍的双向融合培养，从源头上克服教书育人两张皮问题。

通过教育的大改革激发立德树人的大动力。要改变政策环境，以立德树人为根本导向加强大学章程建设，落实到大学内部治理结构各项改革中。从指挥棒上推动国家表彰奖励、人才评价、高校质量评估、教师评价等机制的科学完善，把静心教书、潜心育人作为教师的基本要求，把“师德一票否决”、教授给本科生上课作为基本制度，落实到高校教师职称评定、考核评价、薪酬制度各环节。深化教学内容改革，推动教学方法革新，加强教师教学能力培养，全面提升教师立德树人的自觉和自信。

通过队伍的大建设汇聚立德树人的大保障。落实立德树人根本任务，必须把教师队伍建设放在心上，担在肩上。要加强高校师资队伍建设，以“四有”好老师为目标，以“四个统一”为重点，加大工作力度，改进方式方法，切实增强教师思想工作的亲和力。要抓好党务思政干部专业化、职业化发展，落实比例配备，突出选优配强，注重保障激励，实现教师、管理者双重身份双线晋升，真正使他们有尊严、有地位、有奔头。

二、科技兴国

习近平总书记强调，高等教育是一个国家发展水平和发展潜力的重要标志，党和国家事业发展对高等教育的需要比以往任何时候都更为迫切。国务院《统筹推进世界一流大学和一流学科建设总体方案》提出，要通过“三步走”战略，到本世纪中叶基本建成高等教育强国。党的十九大报告把加快“双一流”建设作为“优先发展教育事业”的重要内容作了统筹部署。农业高校要充分发挥优势和特色，始终聚焦国家重大战略和经济社会发展需求，坚持扎根中国大地办学，加快建成一批一流大学和一流学科，为助推高等教育强国建设提供有力支撑。

当前，全球新一轮科技革命加速推进，科学和技术迅猛发展并高度融合，创新资源配置呈现出全球竞争与加速流动的趋势。以现代生命科学技术、信息科学技术、工程科学技术、管理科学技术等为代表的新兴技术，加快向农业领域渗透，不断开拓出农业科技新领域，孕育出颠覆性的技术创新点，一些重要农业科学问题和关键核心技术加速突破，驱动新产业、新业态、新产品、新主体、新模式的快速发展。要实现2020年进入创新型国家行列、2030年进入创新型国家前列、到新中国成立100年时建成世界科技强国的战略目标，农业高校应主动适应重大变革，积极应对面临的机遇和挑战，准确把握农业科技发展方向，加快产出前沿引领技术、关键共性技术、现代工程技术和颠覆性技术，做出责无旁贷的贡献。

三、服务“三农”

党的十九大报告指出，“三农”问题是关系国计民生的根本性问题，必须始终把解决好“三农”问题作为全党工作重中之重。在当前人均资源不断下降的背景下，发展和提升农业高等教育，为农业和农村经济发展提供人才支撑、科技贡献和智力支持，是解决“三农”问题的关键。

新农业是确保国家粮食安全之业，更是三产融合之业、绿色发展之业。新农科建设要致力于促进农业产业体系、生产体系、经营体系转型升级，优化学科专业结构，重塑农业教育链、拓展农业产业链、提升农业价值链，推动我国由农业大国向农业强国跨越。新乡村是农业生产之地，更是产业兴旺之地、生态宜居之地。新农科建设要致力于促进乡村产业发展，服务城乡融合和乡村治理，把高校的人才、智力和科技资源辐射到广阔农村，促进乡村成为安居乐业的美好家园。新农民是健康食品和原材料生产者，更是现代产业经营者、美丽乡村守护者，新农科要致力于服务农业新型经营主体发展，融合现代科技和管理知识，培育高素质农民，助推乡村人才振兴。

农业高校对“三农”的社会服务包括3个主要方面：①培养高素质专业技术和经营管理人才，直接为农业和农村的社会经济发展服务；②为农业和农村提供适用的技术成果，提高农业的科技含量；③为农民和农村第二、三产业劳动者提供技术培训，提高科学技术和文化素质，促进新成果和新技术的推广应用和经营管理水平的提高。在计划经济时期，我国的高等农业院校主要是培养国营农场、集体经济组织和政府农业部门所需的农业专业技术人才，在专业设置上主要以农学类专业（种养、加工和农机）为主，适应当时农村经济（基本上是农业经济，农业主要是种植业和养殖业）的实际需要。随着改革开放和农村经济及管理体制的变化，特别是乡镇企业的兴起，农村经济和农业的内涵有了较大的拓展，迫切需要经营管理人才和农产品加工及食品生产技术人才。在全面建成小康社会的新时期，农村经济面貌发生了深刻变化，有农业、工业和服务业，而且第一产业在经济上所占的比重逐年下降，第二、三产业的比重逐年上升。经济发达地区的农业已呈现出技术密集（如精准农业、都市型农业、设施农业等）、功能多重（如产品供给、文化娱乐、休闲旅游、生态保障、环境美化、生物技术载体等）、经营外向和依托智力资源的产业特征，越来越多的农村地区经济结构出现了一二三产业兼容的状况，对农业高校社会服务的广度和深度提出了越来越高的要求。农业高等教育应该转变社会服务功能，在学科专业、师资队伍、知识传承、研发领域等方面有较强的兼容能力，才能真正担负起服务“三农”的历史使命。

四、助力乡村振兴

实施乡村振兴战略是党的十九大作出的重大决策部署，是决胜全面建成小康社会、全面建设社会主义现代化国家的重大历史任务，是新时代“三农”工作的总抓手。习近平总书记在中央农村工作会议上强调，要按照产业兴旺、生态宜居、乡风文明、治理有效、生活富裕的总要求，建立健全城乡融合发展体制机制和政策体系，统筹推进农村经济建设、政治建设、文化建设、社会建设、生态文明建设和党的建设，加快推进乡村治理体系和治理能力现代化，加快推进农业农村现代化，走中国特色社会主义乡村振兴道路，让农业成为有奔头的产业，让农民成为有吸引力的职业，让农村成为安居乐业的美丽家园。

农业高校要进一步发挥学科综合优势，瞄准和对接农业强、农村美、农民富的目标要求，进一步深化农科教、产学研紧密结合的办学体制改革和机制创新，为推进乡村振兴提供理论指导、技术引领、政策支撑和典型样板。随着乡村振兴战略、生态文明战略的实施，农业现代化进一步发展，一二三产业不断融合，迫切需要具有多学科知识和技术、懂管理、会经营的复合型人才。农林教育应以市场需求为导向，培育新型农业经营主体，在建设美丽乡村中发挥引领和示范作用。农林院校肩负着服务乡村振兴战略、确保国家粮食安全和生态文明建设等重大历史使命。

据全国第三次农业普查统计，全国农业生产经营人员共有 31 422 万人，其中只有 1.2%的人受教育程度为大专及以上，48.4%的人受教育程度为初中。由此可见，从农人员的受教育程度较低，农业高等教育必须承担起提高从农人员教育、科技、文化水平的使命，使大多数农村人口接受高等教育。所以农业高等教育应该顺应时代发展，抓住机遇，积极发挥人才培养、科学研究、社会服务、文化传承与创新的功能，推进农业农村现代化，为社会主义事业贡献自己的教育力量，为实现中华民族复兴贡献自己的智慧才能。

五、破解生态问题

生态环境部数据显示，我国一半城市市区地下水污染严重。有关部门通过对 118 个城市连续监测发现，约 64%的城市地下水遭受严重污染，33%的地下水受到轻度污染，基本清洁的地下水只有 3%；目前全国耕种土地面积的 10%以上已受重金属污染，共约 1.5 亿亩；此外，因污水灌溉而污染的耕地有 3 250 万亩；因固体废弃物堆存而占地和毁田的约有 200 万亩，其中多数集中在经济较发达地区。我国每年受重金属污染的粮食高达 1 200 万吨，造成的直接经济损失超过 200 亿元。环境污染和生态环境问题已成为制约我国人民生存和发展的关键问题之一。

党的十九大报告提出要建设“美丽中国”，对推进绿色发展、着力解决突出的环境问题、加大生态系统保护力度、改革生态环境监管体制等方面作出了重要战略部署，要求牢固树立社会主义生态文明观，推动形成人与自然和谐发展现代化建设新格局。习近平总书记在全国生态环境保护大会上提出，要加强生态保护修复，坚持山、水、林、田、湖、草整体保护、系统修复、区域统筹、综合治理，到 2035 年基本实现美丽中国目标。面对党中央的战略部署以及国家对治理荒漠化、石漠化、水土流失、农业面源污染、大气污染等方面提出的一系列硬性目标和任务，农业高校必须有所作为。农林高校在环境科学与工程、生态学及林学等方面具有科技和人才优势，在环境污染防治和生态修复方面特色明显。

第四节　新时代农业高等教育的战略举措

2020 年 9 月农业农村部在南京召开农业高等教育改革座谈会，邀请中国农业大学、南京农业大学、东北农业大学等9所部、省部共建高校校长和专家代表，深入研讨促进新时代高等农业教育发展的政策举措，大力推进新农科建设，着力破解制约农业高等教育发展的瓶颈，为现代农业和乡村振兴提供更加有力的科技和人才支撑。会议认为，农业农村现代化进程中，农业高等教育始终发挥着基础性、先导性、引领性作用，农业高等教育在科技创新和人才培养方面，在保障国家粮食安全和农产品供给方面大有可为。涉农高校要主动融入变革的时代、主动服务乡村振兴、主动培养更多人才。一是加快树立围绕产业的育人导向，按照现代农业发展需求调整优化学科布局和专业结构，深化农科教育教学改革，解决教育与生产、理论与实践脱节问题，打破传统学科边界、专业壁垒，推进农科与理、工、文学科的深度交叉融合，进一步凸显农林院校办学特色，构建更加符合产业发展规律的教育体系。二是积极推动农科教育内涵式发展，在深刻把握农业生产经营方式和生产组织形式变化基础上，围绕促进农业产业体系、生产体系、经营体系转型升级，重塑农业教育链、拓展农业产业链、提升农业价值链，全面落实卓越农林人才培养2.0计划各项任务，培养创新型、应用型、技能型复合人才。三是大力引导毕业生投身乡村振兴，推广“三定向”人才培养模式，出台一批有含金量的政策措施，引导农科高校毕业生扎根基层、服务振兴。农业高等教育旨在促进和引领农业产业发展，在中国强国建设和乡村振兴战略中举足轻重。为充分发挥和彰显高等院校的应有功能，政府部门亟须引导和支持农业高等教育围绕农业产业的当下需求和未来趋势进行战略再谋划。

一、坚持社会主义办学方向

习近平总书记指出，培养什么人，是教育的首要问题。高等教育肩负着培养德、智、体、美全面发展的社会主义事业建设者和接班人的重大任务，必须坚持正确政治方向。我国是中国共产党领导的社会主义国家，我们的高校是党领导下的高校，是中国特色社会主义高校，这就决定了我们的教育必须把培养社会主义建设者和接班人作为根本任务，办好我们的高校，必须坚持以马克思主义为指导，全面贯彻党的教育方针，坚持不懈地传播马克思主义科学理论，抓好马克思主义理论教育，为学生一生成长奠定科学的思想基础。要坚持不懈地培育和弘扬社会主义核心价值观，引导广大师生做社会主义核心价值观的坚定信仰者、积极传播者、模范践行者。要坚持不懈地促进高校和谐稳定，培育理性平和的健康心态，加强人文关怀和心理疏导，把高校建设成为安定团结的模范之地。要坚持不懈地培育优良校风和学风，使高校发展做到治理有方、管理到位、风清气正。

二、农科教深度融合战略

我国政府应以高等农业院校为主导，以政府农技推广网络为主体，以涉农龙头企业、农业专业大户和农民合作社为主要对象，从体制和机制上打通农业高等教育深度参与农业产业的渠道，构建农业产业服务体系，探索高等农业院校协同科研院所服务国家及地方农业产业的新模式。这样不仅可以有效发挥各省（市）高等农业院校人才培养、科学研究和社会服务的集合功能，而且能够彰显其青年人才周期循环的活力优势，激发青年才俊献身农业产业、改造农业产业的创新潜能。

三、面向产业调整学科战略

农业科学是现代大学的传统学科，随着科技的发展而逐渐暴露出越来越多的内容、方法和形式等存在不合时宜的地方。面向产业发展的新态势，我国教育主管部门应允许并指导高等农业院校根据我国农业现代化的水平、需要及未来发展趋势调整学科，允许并指导其打破传统学科设置的陈规，根据产业需求和发展方向科学设定新专业，设计人才培养标准，规划未来研究项目，预测产业突破路径。依据农业产业在农村的布局和业态，我国教育主管部门应允许并指导高等农业院校根据农村社会需求及其趋势，扩大农业科学的范畴和内涵，拓展农业科学的发展领域。

四、农业教育及资源投入战略

针对农业基础性、公益性的社会属性，我国政府应继续加大对农业高等教育的投入力度。首先，政府可以像师范生计划那样，在国家重点高等农业院校实施农科生计划。其次，政府要加大对农科学生培养过程的投入，尤其是农科大学生实习实践的投入，增强农科大学生实践动手能力的培养。最后，政府要加大对高等农业院校服务“三农”的持续投入，并要求地方政府配套，形成一定的投入比例，增强高等农业院校的服务效果。

五、人才培养战略

根据我国现阶段农业产业需求及未来趋势，政府亟须引导和支持农业高等教育培养两类农业人才：一是培养适合我国现代农业发展需求的家庭农场主和农业企业家，政府通过政策支持和资金扶持，促进高等农业院校自主招生，为现代农业培养大批实用型人才；二是培养具有国际视野的高水平农业科技及经营管理人才，政府支持高等农业院校实行 3 年国内学习、1 年国外学习的“3＋1”模式，培养更多既有发达国家视野，也有“一带一路”发展中国家情怀，且能认识和理解中国农业发展实际的国际性人才。

六、涉农院校联盟与国际合作战略

为与世界农业高等教育广泛接触，取长补短，互促共进，我国政府亟须促进国内农业高等教育建立全面的联盟与国际合作。一是成立“一带一路”农林高校联盟，加强“一带一路”农林高校间的全面交流与学习，整合力量，协同发展；二是筹建国际农业教育与科技合作中心，建立全球农业教育与科技合作的大平台，及时把握学科及产业发展前沿，致力于重大前瞻问题的创新。

第四章

新农科的概念和特点

第一节　新农科的概念

一、新农科的提出背景

习近平总书记指出，中国现代化离不开农业农村现代化，农业农村现代化关键在科技、在人才。当下，我国多数乡村劳动人口专业技术水平较低，对农业新技术、发展新方向认识不足，无法满足农业农村现代化和乡村振兴的人才需求。新农科是在 2018 年 12 月中国农业大学召开的新农科建设启动会上首次提出的，之后在“安吉共识”“北大仓行动”“北京指南”等新农科建设会上得以阐述和推进。

新农科建设的提出是基于特殊的历史、时代和文化背景，经历了充分酝酿而提出的。从历史背景上来看，中国的农林高等教育是从最初的单科性农林学院经历了漫长的历史阶段发展成为主干农林教育机构，长时间的单科性办学缺少了高水平的基础、人文学科的支撑，使思维方式、学科结构、跨学科合作等方面的发展明显滞后。从时代背景上来看，当今世界正发生复杂深刻的变化，“互联网＋”带来的“跨界”变革是这个时代的风向，而农林教育的产生和发展是高等教育适应社会发展的产物，免不了打上时代的烙印，迫切需要为正在全球兴起的第四次产业革命赋能，必须主动培养能够适应和引领未来农林发展形势的、具有“跨界”烙印的新型人才，为世界高等农林教育贡献中国智慧和“中国方案”。从文化背景上来看，我国是人口大国、农业大国，中国的现代化离不开农业农村现代化，但过去长期实行的优先发展重工业的经济发展战略，形成了我国独特的城乡二元社会格局。生态环境、粮食安全、农业农村社会发展等都架构起农林人才特有的“新农人”品格，即“三农”情怀。传统文化强调“授人以鱼”不如“授人以渔”，新农科建设就是要植根于中国大地本土文化，加入具有中国特色的“情怀教育”，从而焕发高等农林院校新动能，“跨界”是必然选择。

随着科学技术的不断发展、人民生活质量的全面提升，农业生产方式正在发生重大转变，如农业产业结构换代升级以及新型农业经营主体的产生。传统农科研究对象的内涵和外延也在发生重大变化，微观方面进一步向分子水平和营养健康等方向发展，宏观方面向农业全产业链转变。可以说这些转变和变化对农林人才的培养提出了新要求，建设新农科由此成为振兴高等农林教育的重大战略。以人工智能为核心的新一代科技和产业革命正蓄势待发，新的技术形式、新的产业形态、新的商业模式正蓬勃兴起，为了应对第四次产业革命挑战，党的十九大以来，教育部出台了关于高等教育改革的系列文件，采取了系列重大措施。尤其是2018年5月教育部明确提出要全面推行“新工科、新医科、新农科、新文科”的“四新”建设；2018年12月27日，教育部高教司召开了新农科建设协作组第一次会议；2019年1月31日，中国工程院召开了“新时代农科高等教育战略研究”项目启动会；2019年6月28日、9月19日和12月5日，在教育部领导下，全国50多所涉农高校先后召开了新农科建设“安吉共识”“北大仓行动”和“北京指南”研讨会，有序推进了新农科建设。

“安吉共识”提出了四个核心观点：我们的共识是新时代、新使命要求高等农林教育必须创新发展，我们的任务是新农业、新乡村、新农民新生态必须发展新农科，我们的目标是扎根中国大地，掀起高等农林教育的质量革命，我们的责任是为世界高等农林教育发展贡献中国方案。“安吉共识”从宏观层面提出了要面向新农业、新乡村、新农民、新生态发展新农科的“四个面向”新理念，拉开了中国新农科建设的序幕。

“北大仓行动”落细、落实了“安吉共识”，从中观层面推出了深化高等农林教育改革的“八大行动”新举措。一是新型人才培养行动，以思政教育为引领，创新人才培养方式，着力培养一批农林创新型人才、复合型人才和应用型人才。二是专业优化攻坚行动，研究制定《新农科人才培养引导性专业目录》，用生物技术、信息技术等现代科学技术改造现有涉农专业，建设一流涉农专业。三是课程改革创新行动，建设一批农林类线上、线下、线上线下混合式，虚拟仿真实验教学、社会实践等一流课程。四是实践基地建设行动，研究制订“农林实践教育基地建设指南”，建设一批农林类区域性共建共享实践教学基地，建立农林创新创业导师人才库。五是优质师资培育行动，推进实现基层教学组织全覆盖、青年教师上岗培训全覆盖、职业培训和终身学习全覆盖。六是协同育人强化行动，实施农、科、教协同育人工程，推动科教协同、产教融合，建设“一省一校一所”教育合作育人示范基地等。七是质量标准提升行动。八是开放合作深化行动，拓展国际合作交流渠道，办好中外教育合作项目，推进校际学分互换互认、学位互授联授，培养国际型高端人才，为中国农业“走出去”提供人才与科技支撑。

“北京指南”从微观层面实施新农科研究与改革实践，旨在启动新农科研究与改革实践项目，提出了新农科改革实践方案，涵盖5大改革领域、29个选题方向，以项目促建设、以建设增投入、以投入提质量，着眼解决长期制约农业高等教育发展重点、难点问题，探索面向未来农业高等教育改革的新路径、新范式。让新农科在全国高校全面落地生根。“北京指南”标志着新农科建设的全面展开，要实现校院齐动、师生互动、校企联动、部门协动，让农林教育热起来、让农林高校强起来，让高等农林教育成为“显学”。

2019年9月5日，习近平总书记给全国涉农高校的校长和专家代表的重要回信，指明了高等农林教育发展方向，“以立德树人为根本，以强农兴农为己任”成为新时代高等农林教育的主旋律。2020年9月，教育部办公厅公布了首批新农科研究与改革实践项目，分5大领域和29个方向，共407个项目，“百校千项”计划推动了中国新农科建设研究与实践。

围绕党中央部署的全面建成小康社会目标，要实现确保农业持续稳产保供和农民增收工作，推进农业高质量发展的任务，我国高等农林教育责无旁贷。21世纪以来我国农业高等教育取得了飞速发展，国际地位显著提升，已成为世界农科人才培养第一大国。但仍存在与农业产业发展结合不够紧密，对农业发展的贡献率不足；学科结构相对单一，交叉融合不足；人才培养结构不尽合理等诸多问题，尚不能满足国家农业农村现代化对农业科技教育的需求。我国农林教育发展的深层次问题与严峻挑战，倒逼高等农林教育转变观念、锐意改革。新农科建设的提出，适应了高等农林教育的新形势，直指当前高等农林教育在人才培养目标定位等方面与国家战略需求不相契合、不能满足经济社会高质量发展需要等不足。

二、新农科的概念

新农科是指以立德树人为根本，面向国家重大战略和经济社会发展的需求，以国家粮食安全、食品安全、生态安全和区域协调发展为重要使命，强调多学科交叉融合发展，构建符合未来“三农”发展需求的新型农业经营主体的农林学科体系。新农科建设的主要特点是强调农林学科要与信息科学、生命科学、新工科、新文科相互渗透，不断拓展与丰富新农科的内涵；目的是使农林学科朝着“一流专业、一流金课、一流师资、培养一流人才”的发展方向，不断提升我国农林高校的教育质量，以适应新时代对高等农林教育的要求。

新农科是指以“新农科研究与改革实践项目”为主的一系列新农科的建设项目与建设工作，要求运用现代科学技术改革现有的涉农专业，并且要围绕乡村振兴战略和生态文明建设，推进课程体系、实践教学、协同育人等方面的改革，为乡村振兴发展提供强有力的人才支撑。

新农科是国家“四新”建设的重要一环，“新”是指新时代，体现在知识体系的改造、新兴交叉学科、专业建设、人才培养要求及培养方式转变等方面；“农”是农业高等教育。

新农科是相对传统农科而言的，是基于新时代“三农”发展需求而提出的我国农科教育改革的新方向。关于新农科的概念和范畴，应从四个方面去理解和认识。

（一）新的内涵

从内涵上看，新农科建设的着眼点是面向国家经济结构战略性调整和农业创新驱动发展，进行农科人才供给侧结构性改革，落脚点是提高农科人才培养质量。新农科建设的内涵包括新模式、新专业、新课程、新要求、新标准等，目的是要重塑农科人才培养体系。在积极推进新农科建设的过程中，着重关注三个转变：一是从服务单一的农业产业链向全产业链转变；二是从农业学科支撑向多学科交叉融合转变；三是从促进农业发展向促进一二三产业深度融合转变。新农科建设不是对传统农科的全盘否定和全部抛弃，而是要对按生产分工来设置专业的传统农科进行彻底改造，将农科改造成为适应农业农村现代化发展的学科。新农科是面向国际科技前沿、国家重大战略和经济社会发展需求，以立德树人为根本，以国家粮食安全、食品安全、生态安全和区域协调发展为重要使命，强化创新与学科交叉融合，培养符合未来“三农”发展需求的农科体系。

（二）新的研究内容

随着新农科内涵的扩展和外延的发展，农科研究内容也发生了深刻变革。从单纯重视应用研究向重视应用研究与基础研究并重转变，从单一强调农业产前、产中、产后向为全产业链提供科技支撑转变，从单一学科支撑向多学科交叉融合转变，从促进农业发展向促进一二三产业深度融合转变。这些重大转变，对新农科研究内容提出了新的更高要求。不仅要求开展更高层次和更高水平的科学研究工作，深入推进科技成果转化和提升社会服务水平，还必须加强开展有利于激活和创新农业发展的新体制、新机制研究，必须解决新时期高素质农民培训、终身教育、医疗养老等民生问题，必须在美丽乡村建设、乡风文明培育及防止返贫等方面开展深入研究。

（三）新的研究群体

传统农科研究人员主要有高等院校、科研机构、专门农技管理和推广机构及一些农产品开发企业。而对新农科而言，其要求层次更高、涵盖范围更广，其研究群体除传统研究机构以外，还涉及各级政府相关管理部门、各层次政策研究机构、第三方研究机构、相关国际组织，甚至包括高素质农民等。

（四）新的管理模式和组织形式

由于新农科研究内容全面扩张、研究群体不断扩大，其建设与发展将坚持绿色协调、开放共享、互利共赢理念，组织管理模式也从传统的封闭半封闭模式向更加开放协调的大平台转变。新农科建设是一种“科研特区＋体验互动”的发展模式，一方面具有物理实体属性，存在具体的内容、人员、组织架构和服务体验；另一方面又无具体边界，是一种半虚拟组织，范围可大可小，人员可进可出。

三、新农科的外延

新农科建设的提出适应了高等农林教育的新形势，指出当前高等农林教育在人才培养目标定位等方面与国家战略需求不相契合，不能满足经济社会高质量发展的需要。从外延上看，新农科建设的一个重要特征是主动布局新兴农科专业，服务好工业、农业、服务业高度融合的智能农业、休闲农业、森林康养和生态修复等新产业和新业态。大力推进新农科建设，要重点关注三个面向：一是面向新乡村，致力于促进乡村产业发展、城乡融合和乡村治理，促进乡村成为安居乐业的美好家园；二是面向新农民，致力于服务农业新型经营主体发展，培育高素质农民，助推乡村人才振兴；三是面向新生态，致力于人与自然和谐共生，践行“绿水青山就是金山银山”的理念，助力美丽中国建设。这些都必然要求对农科人才培养进行根本变革。

第二节　新农科的主要特征

新农科教育是农业高等教育融入产业技术革命、服务国家战略需求、谋划农业农村现代化发展的必然选择，通过培育新兴专业增长点，促进传统农业学科与新兴学科交叉融合，培养德、智、体、美、劳全面发展，在兼具人文精神与以信息技术、人类健康、可持续发展为主要知识范畴的科学素养基础上拥有思考力、行动力、创新力以及全球胜任力的担当民族复兴重任的拔尖创新型、复合应用型和实用技能型卓越农林人才。

一、知识体系具有系统性

按照系统论观点，任何事物都是一个由具有内在关联多项子系统相互作用构成的整体，决定整体功能的不仅在于构成的要素，而且取决于各子要素之间的相互作用与相互关系，系统内部层次结构的优化有利于整体功能的发挥。新农科教育的知识体系强调从系统论视角研究农科知识各要素相互联系的机制与规律，注重发挥知识之间的合力，获得最佳系统功能，回应与解决农业创新性和融合性发展。一是传统学科与新兴学科知识交叉。新农科教育势必引发知识生产模式的变革，通过打破原有学科化、等级制的知识生产方式的束缚，形成跨学科、异质性的知识生产模式。这种生产模式强调利用新型生物、信息、制造、材料、能源、社会科学知识改造提升传统农科知识体系，促进学科知识的交叉融合，建立交叉学科群。二是通识教育与专业教育知识的贯通。梅贻琦教授提出的“通识为本，专识为末”的教育理念在新农科教育中具有适用性，“社会所需要者，通才为大，而专家次之，以无通才为基础之专家临民，其如果不为新民，而为扰民”。新农科知识构成应当以通识为本，在通识基础上发展专识，积极探索“通专融合”发展策略，全面提升学生综合素养和创新精神。三是科学与人文的交互。科学是立事之基，人文是立人之本，新农科教育提倡科学技术与人文精神并重，培养的人才不仅应具有扎实的自然科学知识，同时应具备良好人文社会科学素养。新农科教育的目标是培养生态文明建设、可持续发展的倡议者，营养健康与环境保护者，更加强调人的主体性精神和人生价值。四是基础知识与前沿知识的融合。新农科教育注重基础知识与前沿知识相贯通，质量标准与产业需求相结合，“确保教师站在学科发展前沿教学，教学目标由再生产已有知识转换为研究和创造知识，促进知识创新与农业产业更新升级相衔接。由此可见，新农科知识的系统性要求高等院校打破原有知识之间的藩篱，逐步建立起跨学科专业课程知识模块，推动学科交叉融合促进机制和整体效应的发挥。

二、组织结构具有脱耦性

脱耦是指抽象与现实之间的关联关系由强关联变成弱关联，强关联双方关系相对固化，弱关联中的关系呈现动态的调节与变化趋势。传统高校内部院系（部）专业设置建立在学科划分基础上，学科与院系设置呈现强关联的耦合关系，这种固化单一的传统专业设置模式将学科资源固化在彼此分割的行政院系，难以支撑跨学科研究项目，阻碍了跨学科专业人才培养。教育组织体系要由封闭向开放兼容方向转变，逐步走向学科专业建设与组织建制脱耦的方向。一方面，新农科教育促进不同学科互动关系的强度和密度日益提升，进而引发传统院系组织结构持续创新，专业团队与跨学科机构相互配合，以信息技术为依托的虚拟跨学科专业组织模式应运而生。“作为知识共享、集成的创新平台模式，虚拟组织有利于突破创新资源要素的边界约束，重构核心竞争力。”如华中农业大学成立的生物医学中心是由生物学科、农业学科、动物学科等相关院系和关联学科组成的虚实结合的典型代表，该中心设有专职行政岗位与编制，专业团队成员的人事关系则保留在原学院，成员依托该组织实现不同学科知识体系的交互、整合与共享。另一方面，从新农科发展战略目标出发，结合

"大类"招生背景，遵循"大学科"发展理念，推进跨校、跨院、跨专业的实体组织的交叉重组与动态调节，构建新型战略合作伙伴关系，聚焦各方资源，加大彼此合作的深度与广度，形成知识的融合和整合效应。如在世界农业高等教育重构过程中，瓦赫宁根大学组建了农业技术与食品科学、植物科学、动物科学、环境科学、社会科学五个学部群，鼓励学科之间的交叉合作。总之，农业高等教育组织结构变革是发展新农科教育的先决条件，不同组织层级要在脱耦过程中找准定位，明确发展目标、价值追求与关键活动，致力于"建立跨学科性科学问题发现机制，推动相关学科之间形成更具竞争力的知识整合关系"。

三、办学类型具有异质性

异质性概念源于自然科学，原意是一个细胞或个体含有不同遗传背景细胞质的现象，后被引入社会科学研究中，主要是指一个群体里面个体特征差异的程度，异质化程度越高，群体的多样化和个性化发展越丰富。新农科教育要避免陷入同质化陷阱，探索办学定位的多层化、学校建设的特色化、人才培养的多样化以及评价标准的分类化，激发农业高等教育整体创新能力。坚持办学定位的多层化要求学术型大学、应用本科型高校和职业技术高校百花齐放，办学模式、办学风格、专业设置、学科架构、质量要求等百家争鸣，实现不同办学层次高校的错位发展与优势互补；坚持因校制宜的特色化办学之路，集中力量发展自身特色学科，积淀差异化的办学理念和风格，在不同层次和不同学科领域争创一流，形成自己独特的竞争优势；农业高等教育人才培养要以"人无我有，人有我优"的战略取胜，适应农业创新驱动发展新要求，培养引领农村发展的高层次、高水平的拔尖创新型农科人才，适应农村一二三产业融合发展要求，培养多学科交叉融合的复合应用型农科人才，适应乡村振兴和现代农业建设要求，培养懂农业、爱农村、爱农民的具备实用职业技能的农业建设人才。构建分类化的农业高等教育评价体系，要打破单一学术偏好的评判标准，革新程序化的评价方式，建立分类分层评价体系，推行非标准化的评价方式，"突出'学生中心'理念，坚持成效导向，提升学生在质量评价中参与的广度和深度"。综上所述，新农科教育应该在中国现实土壤中开创一个"万马奔腾、齐头并进"的多元局面，坚持差别化与可持续发展相结合原则，促进各类型、各层次高校千帆竞发，百舸争流。

四、利益相关者具有嵌入性

波兰尼用"嵌入性"概念阐释经济制度与非经济领域相互依存的逻辑关系，他认为包括经济行为在内的一切人类行为都是社会性形塑和定义的，嵌入性关系程度越深，彼此之间越易达成互利性合作关系，该理论强调运用社会现象之间相互依附性分析复杂的社会问题。新农科教育嵌入在由社会、制度、产业、文化、政治、历史等多重因素所构成的场域之中，这些因素的共同作用构成了教育的利益相关者，它们之间的关系性嵌入和结构性嵌入决定了教育发展的趋向与效用。一方面，关系性嵌入塑造了教育利益相关者的行动动机与预期，并致力于培育互利共赢的合作关系。新农科教育更加注重利益相关者的需求，促使利益相关者之间原本松散型的弱关联关系转变为紧密型的强关联关系。发展新农科教育要改变传统“以大学为中心”的观念，同时考虑国家、社会、学生个体、教师学术团体、捐赠者以及教育行政管理部门等相关利益者的价值诉求，耕犁出服务产业经济、迎合国家需求与满足学生专业知识和价值实现、与教育机构自身变革相契合的建设之路。另一方面，农业高等教育嵌入在国家发展战略、社会治理方式、政策取向特征等要素构成的宏观制度环境中，高等教育发展被烙上了国家意志的印记。中国高等教育发展背后体现的是国家意志和力量的直接推动，教育发展具有明显的“自上而下”色彩。在全面建成小康社会的时代背景下，我国创新能力和技术水平明显提升，社会发展的要素驱动、投资驱动转变为以创新驱动为主，并提出了“创新、协调、绿色、开放、共享”五大发展理念，同步推进新型工业化、城镇化、信息化与农业现代化，这些宏观制度环境的变化对农业农村现代化提出了新的要求，进而引发农业高等教育体系的内生性变革。农业高等教育要主动进行供给侧结构性改革，对新农科的概念特征、培养理念和培养模式进行专题研究，探索实施新农科教育。

五、发展方向具有引领性

联合国教科文组织于 1995 年提出建立“前瞻性大学”理念，继而国际 21 世纪教育委员会提出了“教育：必要的乌托邦”这一重大哲学命题，要求高等教育组织应超越人才培养、科学研究与社会服务的传统职能，应当成为地区、国家乃至全球问题的自觉参与者和积极组织者。发展新农科教育要具有一种着眼于未来的精神，应当领先于社会变革，主动出击，在乡村振兴计划中发挥引领性作用。首先，与传统农科教育服务于农村社会的发展理念不同，新农科教育发展既要服务于农村社会发展又要引领农村社会前进。农业高等教育机构应走出象牙塔，在服务社会发展的同时既要保持基本的理性和学术价值，又要善于将国际农业高等教育发展先进经验与我国农业教育的优良传统相结合，更加自信地以其新思想、新知识和新文化为社会发展提供正确的“政治引领、产业引领、文化引领和教育引领”。其次，新农科教育应以内涵式发展为基本要义，坚持把高质量与特色化作为发展主线，以提升传统农科发展为价值追求，探索形成中国特色的农业高等教育质量文化、质量标准和质量保障体系，着力建设

“一流本科、一流专业、一流人才”示范引领基地。最后，瞄准世界农业科技前沿和本领域国际主流发展方向，从人类命运共同体的视角构筑农业高等教育对外交流合作的新格局，坚持“走出去”和“引进来”相结合，探索人才、科研、办学等要素的深度合作机制，借新农科发展之东风，助力我国农业高等教育站在世界教育舞台中央，引领全球农业高等教育发展。

第三节　新农科建设

一、新农科建设的时代背景

从“安吉共识”到“北大仓行动”，我国新农科建设时代正在开启。新时代的特征和新型产业发展都对我国高等教育发展提出了新的要求，全面深入认识、理解和把握新农科建设的时代背景、时代要求与时代使命，对于推动我国新农科建设具有重要现实意义。

以党的十九大胜利召开为标志，中国特色社会主义进入新时代，开启了决胜全面建成小康社会、全面建设社会主义现代化国家、加快实现中华民族伟大复兴中国梦的新征程，也为我国高等教育的发展指明了新方向。在党的十九大精神的重要指导下，我国高等教育事业焕发新生机、增添新动能、铆足新干劲、实现新目标。作为高等教育重要组成部分的农林高校，党的十九大报告提出的一系列重大战略和重要部署，为其提供了良好的舞台，助力农林高校从中国走向世界舞台中央。但是，另一方面，作为承担农林人才培养、解决国家粮食安全问题的农林高校，存在自身发展实力与国家战略需求不平衡不充分的矛盾，其传统农科发展面临一些瓶颈，依靠传统发展路径难以在人才培养、引领国际科技前沿以及重大科技成果产出等方面实现大的突破。基于此，我国农林高校必须紧扣新时代国家战略需求，做好顶层规划，调整优化学科布局，进一步凝练学科方向，积极加强新农科建设，全面提升服务国家战略的能力和水平。

（一）新农科建设是新科技革命和新时代社会发展的内在要求

从世界范围来看，人类社会发展到今天已经完成了机械化、电气化、自动化革命，正在迈向以数字革命为基础的“智能化”时代。由于基因测序技术、纳米技术、可再生能源利用技术、生命科学技术、量子计算技术等领域技术的突飞猛进、互动融合创新，决定了第四次产业革命无论从深度、广度，还是影响力都会与前三次革命有着本质不同。但是，我国高等教育尤其是农业高等教育发展还存在很大的短板，区域、结构和领域的不平衡，发展程度和发展质量的不充分等都成为高等教育深入发展的桎梏。

党的十九大报告指出，当前我国社会主要矛盾发生重大转化，已转化成人民日益增长的美好生活需要和不平衡不充分的发展之间的矛盾。对高等教育来说，当前面临的主要矛盾就是人民日益对美好教育的需要和不平衡不充分的发展之间的矛盾。这种不平衡主要表现在区域、结构和领域的不平衡、不合理；这种不充分主要是指发展程度和发展质量的不充分。农林高校属于行业院校，这种不平衡不充分表现得更为突出。

第一，高等农业院校学科与专业存在明显倒挂现象。与非农林类专业相比，农林类专业毕业生社会需求量不大，毕业生专业契合或匹配度不高，毕业生待遇低，社会对高等农业院校的整体认可度相对较差。相对而言，农学类、林学类是农林高校的传统优势学科所在，也是立校之本、发展之本和腾飞之本。但是，从目前社会需求来说，农林类专业毕业生社会需求量不大，毕业生难以找到与其专业契合或与其受教育程度相匹配的工作，致使相关专业学生的获得感较低，同时家长与社会对农林高校的认可度也相对较差。作为非传统优势学科的工科类专业学生，就业率普遍较高，且待遇也较传统农科高许多，受到学生家长和社会普遍青睐。如何协调和处理好学科与专业之间的倒挂问题，是农林高校始终面临的“肠梗阻”问题，也是制约农林专业未来转型发展的瓶颈。

第二，高考招生改革给传统农科带来严峻挑战。2014 年国务院印发《关于深化考试招生制度改革的实施意见》，提出逐步取消高校招生录取批次并探索实行按专业录取，标志着我国将进入“专业为王”时代。考生与高校间进行双向互动，考生不再单纯坚持学校优先策略，而是在自己喜好专业目录下根据成绩匹配相应学校。这样，农林高校一些传统优势学科对应的本科专业，原本依靠调剂获取优质生源的渠道基本被阻断，很多专业很难招到优质生源，部分专业甚至面临无人报考的生死困境。如何应对新高考招生制度改革，吸引优质生源，这对农林高校提出了更大挑战。

第三，社会对农林人才的需求提出了更高要求，传统农科发展面临严重的制约。当前，随着科学技术的不断发展、人民生活质量的全面提升、农业生产方式的重大转变、农业产业结构换代升级以及新型农业经营主体的产生，传统农科研究对象的内涵和外延发生重大变化，微观方面进一步向分子水平和营养健康等方向发展，宏观方面向农业全产业链转变。新时代高等农业院校在优化专业结构、提升专业建设质量、提高创新科技水平、强化社会服务能力方面还是有些力不从心，尤其是大数据、云计算、移动互联网等现代信息技术的利用能力，经营管理能力，风险预警与管控能力等方面相对较弱，严重影响和制约着高等农业院校服务国家重大战略能力的提升。另外，对部分专业的未来发展缺少明晰定位和准确研判，难以承担起引领和带动区域主导产业发展的重任，严重影响和制约农林高校进一步服务国家经济建设的能力。

（二）新农科建设是新时代赋予高等农业院校的新使命

党的十九大报告中提出的“七大国家战略”，除军民融合发展战略之外，其余六大国家战略都与高等农业院校有着密的联系，特别是在实施乡村振兴战略方面，高等农业院校的责任重大，肩负着最重要的使命。具体体现在三个方面。

第一，高等农业院校是保障国家粮食安全的桥头堡。粮食安全问题是关系社会安定的战略问题。一方面，随着我国城市化、工业化进程的发展，大量农民离开农村成为市民和农民工，农村青壮年劳动力严重不足，国内粮食生产面临严峻挑战。另一方面，由于国内粮食结构性短缺和优质粮食供给不足，导致我国粮食进口逐年增加。作为最贴近“三农”、最熟悉农业、最掌握农业技术的核心科教力量的高等农业院校，肩负着培养和造就大批懂农业、爱农村、爱农民的人才队伍的时代使命和历史责任。

粮食安全是事关国家安全稳定大局的战略问题，“无农不稳，无粮则乱”。当前，一方面我国大量农民离开农村迁徙到城镇，农村土地撂荒严重、农村青壮年锐减，广大的农村地区缺乏生机与活力，国内粮食生产面临严峻挑战。另一方面，我国粮食进口量逐年提高。据相关统计，我国已经成为世界上最大的大豆进口国，第二大稻米和大麦的进口国，排名第十的玉米进口国以及排名前二十的小麦进口国。我国粮食进口实际已占全年粮食总产量的11%，超过“红线”6个百分点。吸引和留住一部分高素质人才专门从事农业生产，提升农产品质量，提高农业生产效率，确保国家粮食安全，把中国人的饭碗牢牢端在自己手中，关乎国计民生和国家战略稳定。

第二，高等农业院校是破解我国当前面临重大生态环境问题的主力军。调查资料显示，目前全国土壤环境状况总体不容乐观，耕地土壤环境质量堪忧。《2018中国生态环境状况公报》显示，辽河流域、海河流域呈中度污染，松花江流域、淮河流域呈轻度污染，太湖、滇池等湖泊呈轻度污染。从污染分布来看，总体呈现出流域化和区域化分异的特点，东南沿海和南方部分地区呈现多种污染物的复合污染状况。生态环境问题已成为影响社会发展和人民生活的关键问题。党的十九大报告提出，要着力解决突出的环境问题，加大生态系统保护力度，持续实施大气污染、水污染、土壤污染、固体废弃物污染等防治行动，实施重要生态系统保护和修复重大工程，开展国土绿化行动，推进荒漠化、石漠化、水土流失综合治理等内容。农林高校在环境科学与工程、生态学及林学等方面具有科技和人才优势，在解决环境污染防治和生态修复方面特色明显。一方面，可以通过加强校企合作，加强农科类专业人才创新创业教育，同时，整合高校科技优势和人才优势，支持和培育一批研发投入大、技术水平高、综合效益好、具有社会责任感与人文情怀的农业创新型企业。另一方面，可以通过加强高素质农民培育，大力发展农业新业态、新模式，积极推动生态农业建设，从而破解我国当前面临的重大生态问题。

第三，高等农业院校是实施乡村振兴战略的排头兵。实施乡村振兴战略，通过制度创新、机制创新，让农民主动参与到乡村建设当中来，尤其是让青年人参与到乡村振兴中来，调动亿万农民的积极性、主动性和创造性，激发乡村内生动力和活力，防止相对低收入人口返贫。农林高校在发展生态农业、绿色农业、生物农业、智慧农业以及县域经济等方面具有得天独厚的学科优势。应进一步发挥其优势，在加快构建现代农业产业体系、生产体系、经营体系，深入推进农业供给侧结构性改革，发展多种形式适度规模经营，培育新型农业经营主体，建设美丽乡村中发挥引领和示范作用。同时，我国高等农业院校要以新农科的教育改革和建设为契机，充分利用各学科优势，对资金、劳动力、土地、技术、市场、信息等农业生产要素进行优化配置，使农业的生产、经营、管理和服务等方面升级到一种新的业态和高度。

二、新农科建设的必要性

“我们为什么现在亟须建设‘新农科’，这是我们适应全球变化、适应农业现代化发展的需要，是适应我们高等农林教育发展改革的需要。”中国农业大学校长孙其信介绍，改革开放40年来，我国农业在产业结构、生产方式、组织方式上发生了深刻变革，这些都对高等农林教育提出了非常迫切的改革需求。

（一）新农科建设是实施乡村振兴战略的需要

农业关乎国家粮食安全、资源安全和生态安全，是国家基础性、战略性产业；农业、农村、农民问题是关系国计民生的根本性问题，解决好“三农”问题一直是全党工作的重中之重。党的十九大报告中提出实施乡村振兴战略，要坚持农业农村优先发展，按照产业兴旺、生态宜居、乡风文明、治理有效、生活富裕的总要求，建立健全城乡融合发展的体制机制和政策体系，加快推进农业农村现代化。这就要求我国高等农业院校把握时代脉搏，贯彻习近平新时代中国特色社会主义思想，充分发挥农业高等教育的人才培养、科技创新与社会服务职能，构建适应新时代发展需要的现代农业高等教育体系与社会服务机制，完善人才培养知识结构与能力结构，培养“懂农业、爱农村、爱农民”的现代农业人才，投身于“乡村振兴战略”实践之中，构建新农科育人与社会服务体系，为“乡村振兴战略”提供人才与科技保障。

（二）新农科建设是适应与引领现代农业产业新业态的需要

随着我国农村一二三产业不断融合，以技术、资本为代表的现代生产要素、新的商业模式和业态将全方位、大规模向农村渗透，势必带来农业生产方式和组织方式的深刻变革。同时，城市人口增加和消费结构升级，为扩大农产品消费需求、拓展农业功能提供了更为广阔的空间，也为农业实现规模化生产、集约化经营创造了条件。同时，以大数据、云计算、物联网等为代表的信息科技正在深刻地影响和改变人们生产生活的所有方面，正推动农业传统生产经营方式向智慧化生产方式与经营方式转变。未来我国农业将向着生产与经营适度规模化、农业经营主体多元化、生产手段机械化和经营方式智能化与信息化转型，人民群众对农业的需求也在发生翻天覆地的转变。高等农业院校必须把握新时代、新业态、新需求，与产业链、价值链对接，调整学科、专业结构，实施农业科学研究与人才培养供给侧改革，积极争取社会参与，构建新农科创新体系，成为农业科技创新和产业创新中的主体力量。

（三）新农科建设是我国由农业高等教育大国向农业高等教育强国转变的需要

一系列成就的取得，都为我国发展新农科奠定了良好的基础。全球科技与产业发展的历史经验证明，主动调整高等教育结构、发展新兴前沿学科专业，是推动国家和区域人力资本结构转变、实现从传统经济向新经济转变的核心要素。我国高等农业院校必须抓住国内外新形势下的历史机遇，前瞻谋划、“弯道超车”，布局新兴交叉学科专业，构建新农科学科专业体系，在国际竞争中立于不败之地，乃至成为世界农业高等教育变革的引领者。

（四）新农科建设是加快我国高等农业院校“双一流”建设的需要

国家推动创新驱动战略和“双一流”建设，为高等教育带来了前所未有的历史机遇。其他学科领域已有了积极的行动，例如，2017 年 2 月 18 日，在复旦大学召开了高等工程教育发展战略研讨会，形成了“新工科复旦共识”，后续又陆续出台了“新工科天大行动”“新工科北京指南”等一系列行动方案；2017 年 7 月 10 日，召开了全国医学教育改革发展工作会议，李克强总理做出重要批示，刘延东副总理出席并讲话，会后形成了《关于深化医教协同进一步推进医学教育改革与发展的意见》，提出了“中国特色的标准化、规范化医学人才培养体系”。在其他学科领域都已有行动的情况下，农业高等教育也需要行动起来，形成合力，深化农业高等教育改革，与其他学科领域齐头并进，并以此为契机加快推进高等农业院校“双一流”建设。

三、新农科建设现状

（一）国外现代农科建设现状

国外农业高等院校非常重视现代农科建设。美国政府构建了 4H 农业教育体系（Head 头脑、Heart 心智、Health 健康、Hand 实践），秉承“行中求知”理念，注重实践能力培养，强化多种实用技能，激发学生对学习农业技术的热情和科学态度。澳大利亚农业院校采用多样化的教学、实践模式，调动学生学习的自主性，通过各种教学平台可使学生实现跨学科和角色分工，从雇主的视角出发培养学生，使学生具备相应的能力，提高就业率。日本重视农业和农村经济的相关发展进程，把技术推广与开发作为农业振兴的有效措施，注重各相关产业综合发展，使生产结构趋于协调。韩国农民职业教育体系完善，通过法律、政策、宣传等途径重视农民职业教育，社会认可度高。

（二）国内新农科建设现状

当前，我国涉农院校从不同层次、不同方式进行了新农科改革实践和尝试，其中国内重点农业大学新农科建设现状如下。作为中国农林高校中的排头兵，中国农业大学引领新农科建设具体模式和新农科专业人才培养标准实践，结合国家“一带一路”倡议，与国际农科类大学共同构筑新农科人才培养标准，分类制定农林专业标准并国际互认，为我国农科类专业人才培养标准和实践提供了思路和借鉴。华中农业大学提出人才培养与行业企业产业的协同培养机制，提倡农科类专业产、学、研、用协同育人，分类分层次构建科研为主型、服务企业型和政府决策型等人才培养模式。西北农林科技大学立足西部，服务旱区，面向全国，走向全球，以农业现状为基础，发展智慧农业、未来农业，制定了一流农业大学人才培养目标，提出“通用型＋专业型相结合、本科＋研究生贯通培养、产学教相结合”的新农科人才培养体系，优化了学科和专业架构，为卓越农林人才培养提供了试验示范，制定了卓越农林类专业人才培养标准和课程标准。兰州大学结合草业草原科学研究前沿，以干旱半干旱地区生态保护和植被恢复为特色，把新农科建设成为适应农林领域的特色专业，将耕地农业人才向农林草复合型人才培养提升，服务国家生态和重大战略。东北林业大学聚焦学科交叉，积极推进生物学、计算机科学、化学等学科与林业工程、林学专业的学科交叉。东北农业大学及河北农业大学则以双创教育为抓手，探索新农科学科专业建设和双创教育培养新模式。湖北工程学院也在新农科的方向上发力，不断深化专业结构调整，创新农业育人模式，探索应用型新农科专业人才培养路径。

不同涉农高等学校的规格和位置存在差异，承担的使命和任务也不同，要发挥自己的优势，灵活设置专业，把产业需求、市场需求作为办学的重要依据，让中国的高等农林教育成为中国的显学、热学，让中国的高等农林教育成为中国青年学子争相学习的学科。

四、新农科建设面临的挑战

（一）“知农”方式存在路径依赖

专业建设、专业教育是培养“知农”人才的主要方式。当前，人民对美好生活的向往对涉农高校在促进农业现代化发展、培养农业人才方面提出了更高的要求，从服务精准脱贫、保障粮食安全等领域，拓展到生态环保、健康营养以及构建现代化的农业生产创新链、产业链等。但是，面对经济社会发展的新需求以及现代科学技术的快速发展，大多涉农高校的农科专业建设一定程度上还存在路径依赖，较多沿袭过去传统农业专业口径狭窄、培养知识体系单一的状态，培养的人才综合素质还需进一步提高，还不能完全符合新时代的人才需求。未来我国农业将向着生产与经营适度规模化、农业经营主体多元化、生产手段机械化和经营方式智能化与信息化转型。但传统高等农林教育单一的专业结构缺乏对新科学、新技术的融合，特别是在传统种植、养殖等领域与生命科学、信息科学、工程技术、新能源、新材料等现代科学技术的结合方面还存在较大差距。这是由于传统农业在我国仍占很大比重，在未来农业发展方向尚未十分明确的前提下，涉农高校考虑到专业结构调整的制度转换成本，一般倾向于对原有专业结构进行维持或简单改造，深度改革的动力不足。长此以往，其专业结构将逐渐与现代农业快速发展需求不相适应，与现代新型农业人才培养需求不相适应，与服务乡村振兴的需求不相适应。

（二）“爱农”教育与专业教育相互割裂

“爱农”教育就是要重塑人文精神、加强通识教育，培养具有大国“三农”情怀的人才。新农科教育的目标是要培养创新型、复合应用型、实用技能型农林人才，引领和激励他们在农业农村广阔天地建功立业。这些人才应该是生态文明建设、可持续发展的倡议者，健康食品与良好自然环境的保护者，更加强调人的主体性精神和人生价值。然而，重专业教育轻通识教育是目前本科教育存在的普遍现象，虽然在全面振兴本科教育计划中已对通识教育的重要性达成了共识，各高校也在人才培养中强调并体现了通识教育，但高水平通识教育课程资源短缺、“爱农”教育体系不健全、教育教学质量不高等现象还是客观存在的现实。同时，涉农高校在整体上尚未完全突破传统的专业培养模式，专业教育口径相对狭窄、人文社会科学教育相对不足，特别是对于当前现代农业发展需要的大量产业体系、生产体系以及经营体系等方面的管理者、服务者来说，更需要通过科学精神和人文素养的融合，提高综合素养和发展能力，以人才的可持续发展推动整个农业产业的可持续发展。

（三）组织结构与“知农爱农”人才培养目标不适应

当前，高校的内部管理体系中，无论是以工作条块划分的行政部门还是以学科为基础设置的二级学院，都从自身发展的角度将资源进行分割，形成一定的壁垒。但是新农科建设是要促进传统农业学科与新兴学科交叉融合，强调从系统论视角研究农科知识各要素相互联系的机制与规律，注重发挥知识之间的合力，获得最佳系统功能。新农科建设具有强烈的学科交叉、多利益主体相关等特征，需要一个开放兼容、合作融合的学科专业体系与组织架构。在现有高校管理模式下，单一的学院或部门难以整合跨学科的人才和教育资源，与新农科建设促进学科互动、创新院系组织形式的应然状态相悖。需要形成“大学科”“大教学”的发展理念，需要重构跨学科、跨院系、跨专业人才培养组织形式，需要形成多学院、多学科、多专业的多元主体交叉融合和动态发展格局，突破现有资源配置框架，积聚力量形成新农科建设竞争力。

五、新农科建设的新要求

（一）突出学科交叉融合

新农科建设强调打破固有学科藩篱，破除传统专业边界，加强多学科、多专业之间的融合创新，促进专业建设优化升级，并打造学科、专业一体化，全方位、全链条、全环境的培养模式。所培养的人才既要懂农业生产的上游领域，也要懂农业生产过程，还要懂农产品加工、营销、市场管理及食品营养、健康和安全等。此外，不仅要掌握现代农业科学和相关生物科学的基础理论和研究方法，更要了解与专业相关的产业发展状况以及学科发展前沿和趋势。

（二）重视产教融合

农业逐步走进现代化、信息化的大数据时代，其主体功能不断深化、延伸和拓展，发展模式也更加多元化。现代农业产业的转型发展是新农科建设的逻辑起点，新农科建设强调对接农业创新发展对人才的需求，尤其是面向产业融合，将产业前沿技术引入教学，更新教学内容，创新实践教学体系，提升学生的综合实践能力，使学生能够独立发现并准确分析农业领域中存在的复杂问题，且能够综合应用农业基础知识和现代农业科学技术解决复杂问题。

（三）强调综合素质

现代农业与营养健康、食品安全、资源节约利用和生态文明建设相关，农业科学也与社会科学密切相关。农业高等教育面向农业生产第一线，要求所培养的人才必须熟悉国情民情、知农爱农、甘于奉献，具有社会责任感，具备深厚的人文底蕴和科学精神。同时，新农科提出深化开放合作，为农业“走出去”提供人才与科技支撑。因此，农业人才还需要关注全球重大农业产业与科技问题，具备国际视野和国际规则理解能力。

六、新农科建设的主要内容

2019 年，教育部提出新农科建设规划，其核心思想是运用现代科学技术改革现有的涉农专业，围绕乡村振兴和生态文明建设等国家战略，推进专业课程体系建设、实践教学体系优化、协同育人教育等方面的改革创新，为乡村振兴提供更强有力的人才支撑。2021 年 2 月，中共中央办公厅、国务院办公厅印发的《关于加快推进乡村人才振兴的意见》指出要完善高等农林教育人才培养体系，培养造就一支懂农业、爱农村、爱农民的“三农”工作队伍，为全面推进乡村振兴、加快农业农村现代化提供有力人才支撑。

新农科专业人才培养的准则有 4 个方面的内容。第一，面向国家和区域重大战略需求，科学确立专业人才培养目标。第二，依据专业培养目标及知识、能力、素质三者协调并重的原则制定培养要求，并细化培养要求，使之与课程之间形成矩阵对应关系，以此确保培养要求可达成，培养目标可实现。第三，重视多学科交叉融合，加强跨学科课程资源开发，并完善实践教学，培养学生实践创新能力和跨学科整合能力。第四，尊重学生个性化发展，培养其国际视野和家国情怀，提升其综合素质，使之具备个人可持续发展潜力和团队合作意识，未来能在农业领域提出新思路、创造新技术。

七、新农科建设的战略举措

（一）新农科建设的战略

1. 扎根中国大地，积极服务国家“三农”建设

扎根中国大地是新农科的社会属性，解决国家“三农”问题是新农科的重要使命与任务。一是坚持社会主义办学方向，充分遵循高等教育教学规律、知识技术发展规律和人才培养规律，以立德树人为根本，以“四个服务”为指导，培养社会主义建设者和可靠接班人。二是必须立足中国国情、民情和中华民族优秀传统文化，坚持道路自信、理论自信、制度自信和文化自信，走中国特色办学道路。三是坚持面向国家重大战略和区域经济社会发展需求，持续推进管理体制机制创新，激发广大科教人员的办学积极性和创新活力，持续产出一批重大科技成果，培养大批具有“三农”情怀的行业领军人才和拔尖创新人才，为国家农业农村现代化、农民发展提供强有力的科技支撑和人才支撑，为新一轮产业转型升级和引领国际产业发展提供基础性保障，为促进和繁荣国家文化事业发挥支撑引领作用，助力中国农业科技走出国门、走向世界。

2. 充分利用现代信息技术改造升级传统农科

现代信息技术是一种生产方式、产业模式与经营手段的创新，代表着现代农业科技发展的新方向、新趋势，通过便利化、实时化、物联化、智能化等手段，为转变农业发展方式提供了新路径、新方法，对传统农科的生产、经营、管理、服务等关键环节产生重大深远影响。利用物联网、大数据、云计算、移动互联、空间信息技术、人工智能等现代信息技术，推动传统农科改造升级，打造信息支撑、管理协同、产出高效、资源节约、环境友好的新农科，充分挖掘和拓展农业多维功能，促进农业产业链条延伸，积极发展智慧农业、精细农

业、高效农业、绿色农业，提高我国农业质量效益和竞争实力，为推动传统农业向现代农业转变提供强有力的科技和人才支撑。

3. 更新新农科研究内容，改革教育教学方法

在新一轮世界科技革命中，农业科技是科技革命中的重点内容，传统农业正逐步退出舞台，现代农业强势崛起。特别是发达国家以科技为主导的农业现代化正在提质加速，其发展的目标、思路和举措悄然发生变化，由占领本国农业市场向占领世界农业市场战略转移，由利用本国资源向利用别国资源战略转移，由石油化工农业向绿色农业战略转移。因此，必须紧扣国际农业科技前沿，加强对国内与国际对标农林高校发展趋势研究，准确研判国际农业态势。在此基础上，及时更新新农科建设内容，改革科研组织模式，培育高水平科技成果；同时，进一步改进教育教学方法，提高人才质量和创业创新能力，培养符合社会需求的复合型拔尖创新人才，为抢占引领农业科技发展和农科人才培养的制高点打下坚实基础。

4. 加强成果转移转化，激发新农科建设的内生动力

促进科技成果转移转化，为我国新农科发展注入强大动力和生机活力。一是有助于进一步加强农业科技与农业产业的紧密结合，对推进农业供给侧结构性改革、支撑经济转型升级和产业结构调整，促进大众创业、万众创新，推动建立符合科技创新规律和市场经济规律的科技成果转移转化体系，促进科技成果资本化、产业化，打造经济发展新引擎具有重要意义。二是有助于进一步加大高校产学研紧密结合的力度，大力推动高校科研组织方式创新，激励科技人员面向国家需求和经济社会发展积极承担各类科研计划项目，积极参与国家、区域创新体系建设，为经济社会发展提供技术支撑和政策建议，激发科教人员的积极性、主动性和创造性。三是有助于引导科教人员教书育人，注重知识扩散和转移，及时将科研成果转化为教育教学、学科专业建设的重要资源，全面提升人才培养质量。

5. 积极打造农业命运共同体，全面提升服务全球农业发展的能力

党的十九大报告提出，坚持推动构建人类命运共同体，为人类问题贡献中国智慧和中国方案。新农科建设要以服务全球农业产业转型升级、促进一二三产深度融合发展，打造农业命运共同体为契机，以构建现代农业发展、产业融合大平台为抓手，以助力我国农业科技、管理制度和治理经验走出国门、走向世界，推动全球农业绿色发展、健康发展，以保障全球特别是“一带一路”沿线国家的粮食安全、生态安全、食品安全和区域发展为新使命，全力提升服务全球现代农业生产智能化、经营网络化、管理个性化的能力和水平，不断提高我国农林高校影响力和话语权。

（二）涉农综合性大学新农科建设举措

涉农综合性大学新农科建设举措需要借鉴高水平农林院校的发展模式，结合自身实际进行探索与实践，避免同质化发展。

1. 构建新农科建设的协同育人机制

保障新农科建设与经济社会发展、人才培养需求相适应，必须健全各方面协同育人的联动机制。一是农科教协同育人。通过农科教协同、产学研协同，实现新农科与企业产业协同育人。要根据农业农村重大变革趋势、用人单位人才需求和毕业生质量等大数据信息，以学院为主体，与行业主管部门、农业高新技术企业和科研单位等协同推进创新人才培养。如扬州大学先后开设“张家港班”“常熟班”，为地方乡村振兴战略的实施提供订单式人才培养，人才供给精准，培养过程导向明确。二是国际化协同育人。加强与世界一流农业大学和学术机构的实质性合作，将国外优质教育资源有效融入教育教学全过程，开展高水平农业本科人才的联合培养，切实推进本科生国际化学习实习。探索国际交流新模式，鼓励支持学生广泛参加国（境）外合作高校的假期学校、假期课程等学习和培训活动。资助优秀学生开展高质量的国际访学活动，推进高质量本、硕、博贯通培养无缝对接。三是科学人文协同育人。根据农科专业人才培养特点和课程培养目标对能力素质的要求，科学合理设计以核心素养为重点的通识教育，建立以“大国‘三农’”为主要内容的课程、专业、学科三位一体的思想政治教育机制，主动融合人文社会科学教育内容。在课程体系中有机融入“乡村振兴”“生态文明建设”“美丽中国”“健康中国”等涉及“三农”的重大战略内容，推出一批育人效果显著的精品专业课程，形成专业课教学与思想政治理论课、通识课教学紧密结合、同向同行的育人格局。

2. 构建新农科建设的组织体系

新农科建设是一个系统性工程，需要高校内部通过组织结构的变革来促使各方面协同配合，共同推动新农科建设。一是建立跨越兼容的新农科建设组织机制，聚合教学相关部门，整合新农科建设涉及的相关学院、专业，协同构建校内新农科联合培养体系。如扬州大学围绕新农科建设，组建“创新创业学院”“张謇卓越学院”“产业学院”和“创新创业实验班”，加强“生物技术＋”拔尖人才培育基地建设，形成了“多背景、跨专业”的学生和导师成长共同体。二是充分利用涉农综合性大学的多学科优势，着力构建面向全产业链的新农科专业结构，推进以新农科价值链为主线的专业链、培养链、创新链、产业链的深度融合。围绕地方产业发展需求，因地制宜培育农林特色优势专业集群，布局新产业、新业态急需的新专业，完善新农科专业主修、辅修学位制度，丰富课程学习资源，形成兼具学科宽度与深度、多层次、跨学科的学习认证体系。同时，要注重专业设置的动态调整，及时对本校专业进行评估，适时停办与新农科建设不相适应，不能满足社会、行业需求的专业。三是培育优秀基层教学组织。新农科建设的落脚点在教学，高校要重新重视教学团队和教研室等基层教学组织的建设，以量大面广的专业基础课程和专业主干课程建设为主要内容，整合优质教学资源，加强课程教学资源建设，搭建教学信息平台，拓展教学互动渠道，系统推进课程群团队建设，培育优秀教学团队和教学名师。充分发挥教学团队的辐射带动作用，激励广大教师把主要精力投入本科教学。

3. 构建新农科建设的新标准

新农科建设的“新”体现在学科、专业、人才培养模式、科学研究等领域的各方面，要体现科学性，在建设过程中逐步形成符合学校实际的标准，让新农科建设有据可依、有章可循。一是要建立新农科课程新标准。全面梳理涉农专业课程教学内容，高起点规划建设线上、线下、线上线下混合、社会实践和虚拟仿真等不同类别的“金课”。加强课程体系整体设计，促进知识、能力、素质、素养有机结合，培养学生解决农业农村复杂问题的综合能力和高级思维，全面提升课程高阶性、创新性。加大研究性、创新性、综合实践性内容所占比重，建立完善的过程考核与结果性考核有机结合的课程考评制度，增加课程的难度。同时，充分利用各类在线教育综合平台，实现优质教学资源网上“开放”“共享”。二是建立新农科教学质量新标准，健全教学质量持续改进机制。围绕专业培养目标、毕业生要求达成度、课程教学三个关键环节，进一步完善教学管理运行机制。依据专业认证标准与要求，进一步明晰教学主体责任，明确学院、系科、专业负责人、课程组和教师的职责分工，通过“课程委员会”“本科教学专门委员会”等学术组织，统筹建立以课程教学为中心的教学质量持续改进流程。把教学质量的评价主体从学生扩大到用人单位、家长、行业主管部门等，利用第三方教育评估机构，对在校生职业生涯规划、就业指导、创新创业、专业培养方案、教学条件、教风学风、毕业生就业和职业发展等情况进行专项跟踪调查。

（三）地方本科院校新农科建设措施

1. 更新理念，提高认识

深化新农科建设，以回答“培养什么人、怎样培养人、为谁培养人”这个问题为主旨，提高新农科人才培养的认识及战略高度，是落实国家新农科创新驱动战略的需要。传统的教育教学理念已经不能满足当前新农科发展对专业人才的要求，地方高校要肩负起新农科人才培养的任务，提高对新农科的认识，在农科人才培养教育中深植“以学生为中心、产出为导向、质量持续改进”的OBE理念，制定符合新农科建设的人才培养方案和教学计划。地方高校在人才培养方案修订时要把中华传统文化、立德树人、责任担当的理念贯穿于人才培养全过程；把立足乡村振兴的责任与使命融入新农科建设中，以立德树人为根本，培植情感，增强农科专业学生服务乡村的意识，对学生进行爱农村、爱农民、爱农业的教育，引导学生将所学知识与未来的职业选择相对应，实现真正意义上的专业对口。

2. 创新新农科人才培养模式

结合学校发展特色和区域发展特点，创新人才培养模式。在完善人才培养方案时，第一，充分调研和了解培养对象的经济社会发展需求，进一步对接行业和企业，结合国家发展战略和学校发展定位，有效开展论证。第二，优化专业课程体系，整合课程教学内容，从知识、技能、能力三个维度提升学生创造力、实践力、适应力，建构“打牢基础、拓宽口径、强化核心课程”的“实践平台＋模块”课程体系。第三，革新教学手段和方式，完善“寓教于研”的“多层次”培养的实践教学模式，建立“多元”的新型课堂教学方式。第四，秉持“五结合”的人才培养理念：即通识教育与专业教育相结合、理论教学与实践教学相结合、第一课堂与第二课堂相结合、传统文化教育与创新创业教育相结合、知识积淀与情怀养成相结合的人才培养模式。第五，加强课程建设，打造一批契合国内需求、接轨国际视野的精品新农科的课程。第六，完善评价体系，完善新农科人才培养模式的教学质量标准和评估机制，健全内部评价与外部评价相结合的新农科评价体系。加强过程管理，提高创新意识，注重能力考核，切实提高人才培养质量。

3. 优化师资队伍建设

地方本科院校在加大“外部引进、内部培养”举措的同时，要加强学校间合作、协同育人，柔性引进高层次人才，在“不为所有，但为所用”的理念下，优化师资队伍建设。加强与国内、省内高水平院校的实质性合作，将优质教育资源有效引入地方高校的教育教学活动中来，鼓励教师和学生利用课余时间开展多种形式的交流活动，提高人才培养质量。加强教师素质建设，以思想为引领，将“立德树人”理念根植于心，健全师德师风建设。鼓励教师勇于创新，加强教学改革，把“以教学为中心”的教学理念转变为“以学生为中心”，对学生的知识培养和能力培养并重；加大专业、教研室、教学团队“三位一体”建设，充分调动广大基层教师的积极性和主动性。

4. 加强校企合作，协同育人

校企合作、协同育人是“产学研用”四者有效结合的重要途径。依托国家级、省级、校级重点学科，国家级双创基地、示范基地、校外实践教学基地、各级各类工程中心和省级、校级重点实验室等各级科研平台和基地，引进企业人才和技术人员协同开展教学实施活动，实现“开放式、网络化、立体式、多元化”的实践平台，课上课下协同，校内校外融合，以学促产、以产促教、以教促改、以改促学等“开放—合作—共享—共赢”的“产学研用”协同发展新模式。

5. 多学科融合

以现有的农学专业、学科为新农科建设主体，延展管理学（公共事业管理、市场营销、财务管理等专业）、理学（生物技术、生物科学、生物工程等专业）、工学（计算机科学与技术、软件工程、机械设计制造及其自动化、机器人工程、数据科学与大数据技术等专业）等学科，形成农、管、理、工“四位一体”的新农科人才培养模式，培养未来多元化、创新型新农科人才。以现有的“新文科、新工科、新农科”等学科为基础，建立跨学科、跨专业、跨学院的集生物、管理、计算机、机械工程等专业师资和农业一线技术专家于一体的新农科教学团队，搭建适应新农业人才培养的集多专业跨学科联动的新农科实践平台，为新农科建设培养创新型、应用型、复合型人才提供保障。

第五章

新农科人才的素质要求

第一节 人才素质的概念及构成

一、人才的概念

（一）人才的概念、内涵和外延

人才是人民群众中的杰出代表，是为社会发展和人类进步进行了创造性的劳动，在某一领域、某一行业或某一工作上做出了较大贡献的人。也有人认为，人才是指具有一定的专业知识或技能，进行创造性劳动并对社会做出贡献的人，是人力资源中能力和素质较高的劳动者。人才之所以成为人才，最重要的是人才具有特殊的素质。人才具有道德的人民性，知识的适用性，能力的较高性，技能的先进性，作用的进步性等基本属性，也具有时代性、方向性和广泛性的特征。

（二）农科人才的概念、内涵和外延及分类

高等学历人才具有知识结构合理化、能力多样化、成熟化、个性化、身心健康和可持续发展的特征。这就要求高校人才具备扎实的文化基础、灵活的多向思维、崇高的品德、较高的心理素质和卓越的创新精神，做全方位的创新人才，做有觉悟的高素质劳动者，做高精尖深的应用型人才，争做德才兼备、道德首要的人才。教育部高教司吴岩司长对新型农科人才的解释为：创新型、复合型、应用型人才。所谓创新型，就是要对接农业创新发展的新要求，提升学生的创新意识、创新能力和科研素养；所谓复合型，就是要对接一二三产业融合发展的新要求，提升学生的综合实践能力；所谓应用型人才，就是要对接未来高素质农民发展的新要求，着力提升学生在经营管理和新型生产技能方面的能力。这就对当前我国高校农科学生的科研创新能力提出了更高层次的要求。基于涉农学科的特殊性，新农科人才培养应包含两个维度。

1. “知农爱农”维度

在“知农爱农新型人才”维度上，知农是基础，爱农是前提，新型是要求。一个一流的农科人才首先要精通“三农”。安吉会议提出，一方面要围绕

国家粮食安全、脱贫攻坚、乡村振兴和生态文明建设，积极推进新型农林专业改造调整和人才培养模式改革，特别是要深度融合“第一课堂”和“第二课堂”，加强实践育人体系建设，搭建实践育人平台，打通人才培养与“三农”发展之间的“最后一公里”；另一方面要鼓励学生在参与农业发展中发现问题，在服务乡村建设中思考问题，在助力脱贫攻坚、乡村振兴中解决问题。也就是说，农科人才一定要“农”味十足，知晓“三农”的发展现状和现实需求，了解自身的使命担当。一个一流的农科人才还要爱农、好农。

北大仓会议提出，要深化农林学子的“三农”价值塑造和“三农”情怀教育，以中华五千年的农业文明和农耕文化的传承创新来坚定“四个自信”，以感恩乡土、感悟乡村、感知乡音、感动乡民的足迹和历练锻造农林学子心系“三农”、情牵“三农”、行为“三农”的赤子情怀。实事求是地说，现在家长、学生对“三农”工作还是有着传统的偏见，对“三农”的潜力和优势理解还不深，直接体现为农科录取分数线还不高、学生的专业忠诚度也不够高。

2. 自身情怀培育的维度

一是要培养学生具有信念坚定、志向远大、家国情怀的核心素养，农科学生要了解国家发展策略，具有农业的情怀。二是要培养学生社会适应能力、创新创业能力和可持续发展能力，使我们培养的人才能够与现代农业产业接轨。三是要培养学生全球视野、融通文理、理性阳光，培养出与新时代相契合的新农科人才，这是农科专业学生的本质特征。

二、素质教育的概念

党的十七大、十八大工作报告都将教育作为改善民生的第一件大事，都明确指出要实施素质教育。《国家中长期教育改革和发展规划纲要（2010—2020年）》强调指出：坚持以人为本、全面实现素质教育是教育改革发展的战略主题。教育的根本宗旨是提高国民素质，是“育人”而非“制器”，因而教育就是素质教育。

素质教育是我国遵循马克思主义教育观，继承与弘扬我国优秀的教育思想与传统，学习与吸取国外的先进教育理念与经验，在我国社会主义建设与改革开放的教育教学改革实践中，总结出的具有中国特色的教育思想，直接指明教育的宗旨是提高国民素质，而实现此宗旨的手段是实施素质教育。

三、人才素质的概念

什么是人才素质？人才素质是在先天基因的基础上，在后天环境、特别是在文化环境作用下，经由个人主观努力的作用，特别是对有关问题的学习、思考与实践，将后天的有关作用，特别是文化这一社会基因，或文化载体（即知识）的有关作用，逐步内化为与先天基因相融合的个人特有的稳定品质。简言之，人才素质是先天因素与后天因素相结合而产生的、稳定的、潜在的、长期起作用的基本品质、基本能力、基本观念。

人才素质是一个具有生理学、心理学和社会学等多种含义的综合概念，其内涵主要包括：①人才素质基于知识而又不等于知识，知识可以转化为素质。那些忘不了的知识，那些被人掌握到融会贯通程度的知识就是素质。有知识没有基本的素质是不行的！知识的载体可以是书本、光盘、音像制品，而素质的载体却只能是人本身、特别是人的头脑。②素质是稳定的、潜在的、经常起作用的东西。

四、人才素质主要构成因素

人才素质包括思想道德素质、知识素质、能力素质、心理素质、身体素质等基本素质。其中，思想道德素质是首要素质，知识和能力素质是核心素质，心理和身体素质是必要素质。

我国高等教育的基本任务是培养为社会主义现代化建设服务的各级各类专门人才。社会主义现代化建设需要的各级各类专门人才不仅要具备必要的专业知识，还应该具有良好的职业素养，与人沟通交流的能力以及善于与人合作的意识和能力。因此高等学校培养的人才应具备以下素质。

（一）合格的政治素质

即具有坚定的社会主义的理想信念，而决不能淡化理想；具有较强的民主法制和纪律观念，而不是满脑子西方政治模式；坚持劳动大众的立场，而不是脱离老百姓，变成所谓的“精英”或“贵族”；具有自尊、自豪、自信的爱国主义精神，而不是崇洋媚外、无骨气的民族虚无主义；具有廉洁公正的作风，而不是阴暗、徇私的市侩，更不是损公肥私的伪君子。

（二）科学的思想素质

就是具有科学的世界观和方法论，正确的人生观和价值观。具体来说，应该具有辩证唯物主义和历史唯物主义的基本观点，而不应该成为唯心主义、封建迷信和邪教的信奉者；应该具有科学的辩证思维，而不应该成为忽左忽右、形而上学、反复无常的极端主义分子；应该成为集体主义原则的实践者，而不应该成为西方个人主义、利己主义和自由主义的应声虫；应该成为新型的、为人民服务的公民，而不应该成为金钱的奴隶、唯利是图的庸人。青年缺少深邃的历史眼光，因此特别需要学习历史知识、历史方法，培育唯物史观。

（三）全面的文化素质

只有具备全面文化素质的人才能大有作为，片面的知识结构已不能适应时代发展。人才适应21世纪的社会发展和进步，需要有较好的人文和社会科学的修养，有最新的现代科学常识的素养，有自己的业务专长，具有适应自己工作所需的外语水平，需要有良好的工作能力和创新能力，更依赖扎实的基础知识和交叉学科的综合作用。

（四）良好的道德素质

道德作为调节社会与个人关系的原则和规范，在交往日趋复杂和多变的社会中，其意义和价值更加突出。道德观念或道德意识支配人们的道德行为，指导人们的道德评价，要养成良好的道德素质，首先就要培养适应社会主义社会发展的道德观念。在道德行为上，人才必须模范地遵守社会公德，体现出良好的职业道德和家庭美德。在道德观念上，人才要具有坦诚待人的意识，摈弃为自己谋划的过分精明和奸诈；具有人民群众的平常心；要善于与人合作，增强社会化和集体化意识；要努力做到先人后己，而不是把个人的所得和幸福建立在损害他人和社会的基础上；要有自重慎独的意识，保持自己的道德品质的稳定性和延续性，而不应该随波逐流、我行我素，被金钱和美色所惑，踏入身败名裂的陷阱。

（五）健康的身心素质

健康的身心素质包括健康的体质，也包括心理方面的坚强的意志、谦和宽容的气质、达观的胸怀、乐观积极的生活态度以及控制个人情绪的抑制力。社会的发展进步、物质条件的日益改善增强了人们的体质，同时也提高了人们对精神生活的要求。对人们精神生活的关照不够，就会导致一定程度的心理脆弱，不但常常引发社会不安，而且还更加大量地引发人们的精神疾病和心理障碍。心理方面的素质实质上是科学思想素质的基础层面，它处于不稳定的、活跃的、较低层面的感性认识阶段。这个层面的意识对提升人的科学思想素质关系极大，对人们的日常生活影响极大。增强人们心理素质的根本途径只能是实践磨炼。

（六）较强的工作能力素质

工作能力素质是与工作相关的能力素质，包括：较好的口头语言表达能力、文字表达能力、研究分析能力、社会交往能力、组织管理能力、实践创新能力。只有具备全面的工作能力素质才能适应21世纪高频率、快节奏、充满竞争的复杂社会生活需要。

第二节　农科人才的素质要求

1995年，国家教育委员会提出，对大学生全面实施素质教育，就是要提高大学生思想道德素质、业务素质、文化素质与身心素质，这四者分别是素质的灵魂、主干、基础与保证。

一、思想素质

思想素质是个体按社会规范行动时所表现出来的稳定特性或倾向。包括敬业精神、团队精神、进取精神、责任感、对本职工作的热爱、对职业道德规范的认识、自觉履行职业道德规范等。思想素质在某种程度上也就是“德”。

党的十九大报告明确指出要全面贯彻党的教育方针，落实立德树人根本任务。在2018年颁布的《教育部关于加快建设高水平本科教育全面提高人才培养能力的意见》明确提出了“坚持立德树人，德育为先”的基本原则，要求提升学生思想水平、政治觉悟、道德品质，教育学生明大德、守公德、严私德。习近平总书记强调人无德不立，育人的根本在于立德。德是人的灵魂主体，也是人生发展的“风向标”和“方向盘”。我国自古至今一直倡导“德才兼备，以德为先”的育人用人标准与传统。教育就是以文化来培养理想崇高、能力强的“德才兼备”的人，而非制造境界平庸、思维痴呆的“器”。因此，新农科人才培养应以品德端正、信念坚定、人格完善、知行合一和热爱专业为价值导向，培养具备自觉遵守职业道德、社会公德、家庭美德，有家国情怀和人文素养，用自己的言行践行社会主义核心价值观的现代公民。在专业建设和人才培养各领域、各方面、各环节中深度融入政治思想品德教育，在源头上落实好立德树人的教育使命。

此外，培养农科人才还要培养健全的人格，能够正确理解人生和社会问题，心理健康积极向上，德、智、体、美等和谐统一发展，热爱生活、追求真理，在民族利益、国家命运、百姓疾苦面前有清醒的认识，能与人和谐共荣，与自然和谐共生，具有诚信、爱心、公正和奉献精神。由于农科人才工作具有特殊性，需要着重强调农科人才的社会责任感，包括对自己、对他人、对社会、对国家的责任感。

二、专业素质

专业素质是能胜任某项任务的条件、才能、力量。包括学习能力、独立分析与解决问题的能力、表达能力、组织管理能力、创新能力、社交能力、坚持力、影响力、工作适应能力、动手操作能力、职业所需的特殊能力。新农科人才要有较为扎实的专业基础理论和实践技能，具有在业务上不断发展的学习能力、实践能力，具有严谨的科学精神、进取精神、创新精神和团队精神，有良好的社会责任感，爱岗敬业，吃苦耐劳，具有较强的组织管理能力。

三、身心素质

身心是人才所需具备的身体和心理条件水平，包括健康的体魄和健康的心理。教育部发布的《普通高等学校本科专业类教学质量国家标准》在“培养目标”中，有约85%的“标准”提到“身体素质”和“心理素质”。由于农业产业的特殊性，农科大学生面临的工作环境条件更艰苦、工作压力更大，勇于承担社会责任、成为合格的社会人对农科类人才具有更深层次的意义，如果不能成为有责任的社会人，就无法承担投身于新农村建设的火热实践、服务新农村建设的历史责任。新农科人才既要具备健康的体格、良好的身体耐力与适应性、卫生习惯与生活规律，又要具备健康的心理和性格特征、良好的认知、积极的态度、稳定的情感、坚强的意志。

四、文化素质

文化素质指人们在文化方面所具有的较为稳定的、内在的基本品质，表明人们在这些知识及与之相适应的能力、行为、情感等方面综合发展的质量、水平和个性特点。其内涵应包括人文知识、人文精神和人文行为。首先，人文知识是人文素养的基础。人文知识同自然科学知识、社会科学知识一样，是知识体系的一部分，包括历史、文化、艺术、伦理等。其次，人文精神是人文素养的核心。人文精神体现出对生命的敬畏、对人的意义的深刻认识和对人的情感的关怀，包括对民族、文化和国家的热爱、坚定的信念、崇高的理想、高尚的人格、强烈的道德责任感以及为人类事业奉献的精神等。一方面，人文精神是“以人为本”的体现，人文精神体现出对人的关怀，具备了人文精神，才能培养出全面自由发展的人。另一方面，人文精神与科学精神相对应，科学精神表现为人类改造自然界，而人文精神为人类改造自然界指明了正确的方向。科学精神是人类社会发展的动力，而人文精神是人类社会发展方向的灯塔。因此，无论从个体层面还是社会层面来讲，高尚的人文精神是人才培养的基本要求。最后，人文行为是人文素养的外在表现。个体通过人文知识的学习和熏陶，逐渐将这些知识内化并养成人文精神，最终体现在人文行为上。人文行为是人文素养是否养成的标志，所培养的人才是否具备人文素养以及程度如何，可通过观测培养对象的人文行为来衡量，人文行为表现为敬畏生命行为、热爱文化行为、勇敢无畏行为、保护环境行为、团结包容行为等。

文化素质教育是素质教育的基础，也是全面实施素质教育的切入点、突破口。文化素质教育要解决人生价值的取向问题，即价值理性问题。要加强人文文化教育，解决好做人的问题；加强民族文化教育，解决好做中国人的问题；促进科学教育与人文教育融合，解决好做现代中国人的问题。加强文化素质教育对于创新人才的培养十分重要：其一，人文教育和自然科学教育相结合，有利于培养创新人才。创新常常出现于多学科的交融与不同思维方式的相互撞击之中，人文与理工结合是现代高等教育发展的历史趋势，也是培养创新人才的有效途径。其二，文化素质教育能有效克服科技教育的弊端，引导创造力的发展方向。其三，只有博大的人文精神才能克服探索与创新过程中的困难。创新是一项艰苦的事业，探索者往往不可能很快地寻求到社会的认同和得到很多人的支持。所以，志于创新的人，只有将博大的人文精神和创造精神结合在一起，才能以坚忍不拔的毅力克服创新过程中的各种困难，到达成功的彼岸。

新农科人才应具有一定的文化、科学、技术知识，具有一定的文化修养和审美鉴赏能力，具有语言文字表达和学习提高的习惯，具有创新、协调、绿色、开放、共享的新发展理念。然而，在我国的农业高校中，普遍存在着人文素质教育薄弱的现象。虽然相当一部分农业高校已经初步完成了由单科性向多科性高校的转型，但人文知识基础仍十分薄弱。这在无形中割断了自然科学与人文科学的内在联系，导致学生人文精神的欠缺，从而削弱了人才创造性思维的基础。

五、自我学习素质

自我学习素质反映个体的学习能力，包括知识整合能力，对于新知识、新设备、新技术、新的生产流程的自我学习与探索的能力，开发自身潜能和适应知识更新、技术进步及岗位变更要求的能力。在信息社会时代，个体无论怎样增加在学校教育期间的知识学习容量，都无法满足未来发展的需要，学习将成为一个终身过程。因此，农科大学要培养具有持续学习能力的学习人，即在大学学习历程中，要真正形成自主学习的能力。现代农业的发展推动着农业科技水平的不断进步，随着现代生物技术越来越多地被引入农业学科，对农科大学生而言，无论是从事研究型工作，还是从事生产经营管理，都必须把握当前农业科技发展的脉搏，只有具备持续学习能力的人才能适应区域农业经济发展的需要。

第三节　新农科人才的素质新要求

一、知农爱农，服务“三农”意识

农业关乎国家食物安全、资源安全和生态安全，是国家基础性、战略性产业；“三农”问题是关系国计民生的根本性问题。有效解决“三农”这一关系国计民生的根本问题，关键还是要大力培育人才。在全面实施乡村振兴战略的过程中，人才是实现总目标的关键要素，农业高校的人才培养水平直接影响

“三农”工作队伍的整体水平。2019年，习近平总书记给全国涉农高校的书记、校长和专家代表的回信中指出，涉农高校要培养更多知农爱农新型人才。建设一支懂农业、爱农村、爱农民的乡村振兴人才队伍，是实现乡村振兴战略目标的关键所在，培养知农爱农新型人才是习近平总书记对新农科建设提出的最高人才培养目标，“爱农”的核心是“爱”，是对“三农”的责任与情怀。新农科人才服务于国家经济、政治、生态、文化建设和社会发展的需要，承担起引领良好社会风气的任务，因而必须具有承担民族复兴、振兴国家、维护国家安全的理想情怀，有“回归乡村、再续乡情、再建乡村”的情怀，也要具有社会正义、公民自由等社会本位价值观所倡导的价值判断。

二、驾驭现代农业的能力

现代农业已经不再是传统的第一产业概念，而是一二三产业的融合，其发展空间不断扩展，产业链条不断延伸，产业界限模糊化，增长方式不断改进，农产品的产量品质不断提高。现代农业的内涵特性是现代生物技术、信息技术等多学科高密集型产业，从传统农业、机械化农业、自动化农业为基础转向物联网、大数据、云计算、移动互联网、人工智能等新技术在农业领域的融合。农业全面升级、农村全面进步、农民全面发展以及生态文明建设要求农业高校培养的人才必须具备创新能力和实践技能才能适应现代农业发展的需求。

三、创新素质

创新是指在已经创造出一些成果的基础上，可以做到提出新的见解、解决新的问题、开拓新的领域、创造新的事物。当代人才必须具备“能够发现事物之间的新关系”的创新素质。21世纪是一个知识大爆发的时代，知识更新周期不断缩短，创新的价值也不断被人们所重视，在这样的时代背景下，一个人的创新能力很大程度上决定着其未来的发展，而一代人的创新能力则将会对一个国家、民族的发展能力产生巨大的影响，加强创新型人才的培养是实现社会、国家长远发展的必然选择。高校作为高素质人才培养的基地，培养大学生的创新能力也是其教育教学过程中的重要任务，而在大众创业成为主流趋势的今天，高校也将大学生创业教育作为专门的课程予以开展，培养学生自主创业的能力，并使学生能够真正将大学期间所学习到的知识技能应用到创业项目当中，实现在创业实践当中的有效创新。新农科人才从事的专业岗位不同，要求具备的基本素质和专业技能各不相同，比如农科研发人才要有文献、信息的检索和洞察能力，科学实验规划能力，严谨的科学态度，独到的创新思维能力；农业管理人才要有良好的心理素质、顶层设计能力、组织协调能力、非权力影响能力等；农科创业人才和科技生产、服务、推广人才，要有良好的身体素质，发现项目的观察能力，身体力行的执行能力，不怕挫败的坚持能力。但是，在新农科背景下，无论什么类型人才，无论将来从事什么创业项目，从事哪方面的策划、研发、推广、生产工作，还是从事哪方面的服务、管理、营销、融合工作，都必须具备的也是最为重要的素质和能力就是创新能力。新农科人才的创新素质主要由以下四个因素构成。

（一）T形知识体系

理想人才的知识结构，既要广学博识、情趣广泛，又有深厚的专业功底，即平时所说的T形结构。一般说来，知识面和兴趣广泛者，更容易发现事物之间的联系、容易找到各种信息的交汇点；专业基础扎实者更容易发现创新趋向、容易发挥本行业的专业技能。现代农业发展要求专业学科之间的联系和渗透、第一二三产业的交叉融合，没有广博的新农科基础知识，缺乏基础学科常识和人文素养，再好的专业本领也是狭窄的象牙之塔，将来不可能取得大的成就。长期以来，我国农科大学生专业基础知识不宽厚，重视专业教育轻视通识教育，人文素养欠缺等，一直是农业高等教育亟待解决的现实问题。

（二）创新人格

第一，独立性是创新型人才基本的人格品质，也是创新特征的根本体现。第二，创新意识决定着创新活动的萌生发起。人的创新意识好像机器的发动机，个体创新的动机、欲望、激情、志趣、好奇心、求知心、探究欲以及对问题的洞察力等，就是个体从事创新活动的动力源泉。一个人如果从没想过去创新，纵然再有知识和能力，也绝对不可能创新成功。第三，创新精神和顽强的意志是个体从事创新活动的精神支柱，也是一切事业成功的根本保障。

（三）创新思维

创新思维是创新活动的智慧支持，也是创新型人才的重要标志。因为多数创新课题或干事创业是十分困难的，大多用日常的方法和一般的手段很难完成，甚至采用常规思维方式无法想象。在关键时刻，创新型人才能够运用发散思维、横向思维、逆向思维、转换思维和形象思维的方法去思考问题。无论从事科学研究、技术发明、经济运营、社区管理，还是干事创业、营销战略、市场竞争等，都需要运用创新思维。

（四）坚韧探索

实践探索是创新活动的先决条件。创新是不断地检验、调整、修正，甚至要经过无数次失败推翻重来的过程，这就需要创新者顽强的意志和坚韧不拔的毅力。新农科人才只有具备积极行动、勇于实践、不断探索、坚持不懈的素质，才能够最终品尝到创新的累累硕果。

四、国际视野

习近平总书记指出：“参与全球治理需要一大批熟悉党和国家方针政策、了解我国国情、具有全球视野、熟练运用外语、通晓国际规则、精通国际谈判的专业人才。”《国家中长期教育改革和发展规划纲要（2010—2020）》提出，要培养大批具有国际视野、通晓国际规则、能够参与国际事务和国际竞争的国际化人才。新农科教育改革要面向国家战略需求和人类命运共同体建设，强化学生全球视野，加强国际理解教育，增强跨文化认知学习、跨文化交流能力和领导力，拓展优质国际课程和海外实践教育资源，不断探索国际人才培养的新途径，着力培养学生全球胜任力、领导力和引领未来发展的能力，为具备国际事务洞察力和处理能力打下扎实基础。

第四节　不同类型新农科人才的素质要求

2014 年 4 月，教育部下发《关于开展首批卓越农林人才教育培养计划改革试点项目申报工作的通知》，把现代农林人才划分为拔尖创新型、复合应用型、实用技能型三类。2019 年 6 月 28 日，《安吉共识——中国新农科建设宣言》提出了新农科建设要加快培养创新型、复合应用型、实用技能型农林人才。不同类型人才的培养目标不同，其应具备的素质也不相同。

一、创新型人才

（一）农科创新型人才概念

创新型人才是在知识经济时代背景下，满足知识经济发展的需要，具备较高道德素质，掌握农科专业知识，以实践能力为基础，具有较强创新能力的人才。农业创新型人才是指在农业行业和农村地域开创新事业的人才。农科创新人才是社会主义新农村建设中最活跃、最积极、最有生气和最具创造力的一个群体，他们具有创新意识、创新精神和创造能力等，能在农村社会和农业生产实践过程中把知识、科技创新的成果物化为一种新产品、新服务，开发出一种新的市场需求，创建出新的涉农企业，创造出新的工作岗位。

（二）创新型人才的共同特质

创新型人才是指那些具备专业知识、对创新或创造某一事物拥有强烈的欲望和激情、具备顽强的探索精神和意志品格、能够灵活运用创新思维并取得创新成果的人。其创新能力的主要体现，就是他们能够运用专业知识和创新素质创造出某种新颖而独特、具有一定价值的物质产品或精神产品。

凡创新型人才一般具有以下共同特质：①博学与专业结合的知识体系和充

分的信息储备；②以创新意识和创新精神为核心的自由发展的人格个性突出；③擅长运用创新思维和创新技能解决问题；④持之以恒的实践态度和坚强不屈的精神支撑。

（三）农科创新型人才素质

农科创新型人才可划分为三类。一是应用型农科创新型人才。这类人才具备一定的基础理论知识，具有较强的实践动手能力。在农业技术的实践、推广以及为农户提供服务的过程中，能够把所学的理论知识转化为现实的生产力，运用到实际问题的解决过程中。二是科研型农科创新型人才。这类人才有意愿从事且热爱农业科学研究，具备扎实的理论知识以及科研创新能力，在农业生产中能够发现、发掘、发展新的技术方法和规律，能够为农业科技服务、为农业科研创造做出贡献。三是综合型农科创新型人才。这类人才集合了前两类人才的特点，具备扎实的理论知识以及较深的创新意识和科研创新能力，并善于将农科类知识与其他学科知识相互融合，展现出新的集成创新性，从而推进并丰富农科理论及实践的发展。

二、复合应用型人才

应用型人才主要是指能掌握一定的专业理论知识和成熟的职业技能，并将其发展应用到实际的生产、生活中的人才，是介于专才和通才之间的一种复合型人才。高素质应用型人才不仅会就某一个问题提出解决方案，还能够利用自己所学的理论知识和实践经验，分析问题产生的原因，给出根本性的解决方案以及创造性地改进产品或工作机制以避免类似问题再次发生，甚至推进工作向更高层次发展，这就是“高素质”的体现。随着我国社会的发展、科技的进步，对高层次应用型人才的需求量越来越大。应用型本科教育以培养知识、能力和素质全面协调发展的高素质应用型人才为目标。

三、实用技能型人才

实用技能型人才是指具备职业素质和专业知识与技术的，在生产、服务等领域的一线岗位能够快速适应工作环境，运用所掌握的技术和具备的能力解决实际操作难题，为服务对象提供满意的服务的人员。党的十八届三中全会通过的《中共中央关于全面深化改革若干重大问题的决定》强调，要“深化产教融合、校企合作，培养高素质劳动者和技能型人才”。随着经济结构转型和产业结构升级，企业、行业和社会对技能型人才的需求量不断增加，技能要求也不断提高。

第六章

新农科人才培养目标与规格

第一节　我国传统农科人才培养的目标与规格

一、人才培养的目标与规格的相关概念

人才培养目标是高校办学定位确立的基本依据，没有明确的培养目标，教育的实践活动就可能迷失方向，就很难谈得上教育质量和教育评价，对于农科本科教育而言亦是如此。培养目标对人才培养具有引领作用，也是最终确定新农科课程体系和培养方式的具体指南。人才培养目标的合理定位不仅制约着人才的培养类型、培养规格，同时直接影响着人才培养的质量。培养目标体系包括人才培养总体目标和人才培养具体要求，其中培养总体目标是对人才培养预期结果的总体描述，培养具体要求是人才培养总体目标的细化体现，也是高校组织教学、制定教学计划、监督和评估教学质量的重要依据。因此，确立符合我国实际的人才培养目标体系，是当前高等教育转型发展与职能转变的过程中亟待解决的问题。研究人才培养目标有助于找准人才培养定位，确立教育教学目的，改革教学体系、内容、方法以及手段，以培养适合知识经济发展需要的，德、智、体全面发展的，有开拓性、创造性、竞争能力的农科人才。有学者认为，新农科人才培养目标应综合考虑学校办学定位、服务面向、国家战略需求、地方社会经济发展的实际需要等诸多方面，征求企业、用人单位、校友等相关方的意见，参照 2018 年《普通高等学校本科专业类教学质量国家标准》、农林类专业认证国家标准、卓越农林人才教育培养计划 2.0 等相关文件规范来确定人才培养的类型、规格和层次。

人才培养规格从广义上讲是学校对其所培养的人才所制定的质量标准和质量要求，能够体现出受教育者综合素质和能力，是学校在人才培养上的重要支撑点和重要根据。作为高等学校来说，人才培养规格是把各专业的培养目标细化，并对学校毕业生按照这个要求进行规范和管理，符合学校所制定的教学大纲和教学计划的要求，对教学进行检查、评估和审核，最终根据学生专业确定培养方向。

人才培养规格有两个层次，即统一性和多样性。第一层次指的是国家对本科专业人才培养规格的统一性要求；第二层次指的是高等学校为适应社会对人才规格的多样性需要而设计的各种人才培养规格。《普通高等学校本科专业类教学质量国家标准》培养规格包括的要素：学制与学位、知识、能力、素质要求。其中知识指基础知识、工具知识、专业知识、通识知识；能力指获取知识能力、运用知识能力、创新思维能力、跨文化交流能力；素质指思想道德素质、科学文化素质、专业素质、身心素质。

目前流行的对人才培养规格构成要素的划分主要有二要素法、三要素法和四要素法：二要素法认为人才培养规格由知识结构和能力结构构成；三要素法认为人才培养规格由复合知识结构、综合能力结构以及人格素质构成；四要素法则认为人才培养规格由知识、能力、素质和价值构成。也有学者从素质、能力、知识三个维度表述了新农科人才培养目标和规格（表 6-1）。

表 6-1 新农科人才培养目标和规格

一级指标	二级指标
素质	健康的体魄和较强的心理素质
	“三农”情怀和道德素质
	团队协作精神
能力	解决“三农”实际问题的能力
	使用现代工具的能力
	创新实践能力
	语言、文字等沟通能力
	项目管理能力
	终生学习能力
知识	具有一定的生物技术、信息技术、工程技术等现代科学知识
	具有一定的现代农科知识
	具有一定的“三农”实践知识

二、传统农科人才培养目标的发展历程

中华人民共和国成立以来，我国农业高等教育本科人才培养目标的变迁大体经历了以下几个阶段。

（一）培养农学家

1957 年以前基本照搬苏联模式，我国农业高等教育本科人才培养目标为农学家。于 1952 年进行了院系调整，划分了专业，制定了本科统一教学计划，

使学生的培养规格有了统一标准。这在当时的历史条件下，对促进农业高等教育的发展和教学质量的提高都有十分重要的意义。其缺点是培养的人才专业面窄，获得新知识能力较差，适应性不强。

（二）培养普通劳动者

1958年，在“左”的错误思想指导下，掀起了“教育革命”的高潮，农学家的培养目标被作为“成名成家”来批判。实行“勤俭办学、勤俭生产、勤工俭学”和大种实验田、大办钢铁，之后又实行下放劳动，培养目标变成普通劳动者。有的学校提出“一手拿书本，一手拿锄头，勤耕苦读，又红又专”的口号，“苦读”是假，“勤耕”是真，教学质量严重下降，这一次“教育革命”严重违背了教育规律。

（三）培养高级农业建设人才

1961年11月教育部颁发了《教育部直属高等学校暂行工作条例（草案）》（即“高教六十条”），对高等学校的培养目标做出了比较具体的规定，农科本科人才培养目标是为社会培养“高等农业建设人才”。这一期间培养目标、业务规格明确，教学质量明显提高。

（四）重提培养劳动者

1965年，由于教育上“左”的思想愈演愈烈，开始在高等农业院校中实行“半农半读，社来社去”的办学思想，其间以江西共产主义劳动大学为榜样，培养“劳动者”。许多要求和做法，又返回到1958年“教育革命”的年代。

（五）培养有科技知识的农民

1966年开始“文化大革命”，这期间，农业高等教育是重灾户，受到严重摧残，停止招生、停止上课，许多院校搬到农村去接受再教育。1970年大学恢复招生，学生文化水平相当于初中以上文化程度。“四人帮”的口号是“大学大家来学”，学生实行“社来社去”，即“由社队选送，毕业后仍回原选送社队当农民”。实际上是把农业高等教育的培养目标降低到培养有较多科技知识的农民水平。

（六）培养高级农业科学技术人才

1977年恢复高考招生制度，我国农业高等教育本科人才培养目标、规格比较明确。1979年11月农林部召开教学计划审定会议，1981年1月陆续颁发12个农科专业教学计划，作为指导性文件在全国高等农业院校试行。在这批教学计划中，比较全面地提出了农科各专业的培养目标，以农学专业为例，其培养目标是：“应培养德、智、体全面发展，适应社会主义农业现代化建设需要的又红又专的高级农业科学技术人才。”

（七）培养高级农业专门人才

1986年8月8日，国家教育委员会召开普通高等学校农科、林科本科生基本培养规格研讨会。会议提出：农科、林科本科专业“根据专业的学科性质的主要服务方向，一般可分为生产技术、技术科学和经济管理三种类型”。“三类专业总的培养目标是培养适应社会主义建设需要的、德智体美全面发展的、合格的高级农林专门人才”。

（八）培养高级科学技术人才

1994年1月，国家教委、农业部、林业部在杭州召开的全国第三次高等农林教育工作会议上提出：普通高等农林本科教育培养适应社会主义市场经济体制、现代化建设和社会进步需要，德、智、体全面发展，主要到农林及其他相关的部门或单位从事有关农林生产技术与设计、推广与开发、经营与管理、教学与科研等工作的高级科学技术人才。

三、传统农科类本科人才培养目标

传统农科类本科专业人才培养的基本目标具有如下特征。

（一）培养具有高尚的道德品质的农科人才

一个人懂得尊重人的主体性与尊严，把人的提高与发展、人格的完善作为人生之目的，而不是手段，能以正确的道德评价标准，分辨是非、善恶、美丑。能以正确的人生观、价值观理性地面对人生。能以正确的义利观处理好个人与他人、集体、国家的关系。

（二）培养具有宽厚的文化积淀和人文修养的农科人才

不仅掌握自然科学知识、社会科学知识，而且掌握一定的人文学科知识，了解本国的优秀文化。

（三）培养具备合理知识结构的农科人才

具有比较广泛的自然科学基本理论、基本知识，具备扎实的数学、物理、化学、植物学等学科基本理论知识。

（四）培养具有宽口径专业知识的农科人才

掌握生物学科和新农科学科的基本理论、基本知识。比较系统地掌握植物生产、动物生产、经济管理、工程学等学科大类的基本知识、方法、技能和相关知识、方法、技能（视不同专业取舍），具备终生学习的能力与习惯，能适应和胜任多变的职业领域。

（五）培养具备农业可持续发展的意识和基本知识的农科人才

有较强的实践动手能力，有较高的中外文及计算机运用水平，有较好的组织管理、口头与文字表达能力，具备一定的创新能力与创业能力。

四、不同类型学校农科人才培养的目标与规格

中国农业农村现代化需要的是创新型、复合型、应用型等新型农林人才。吴岩认为，各个学校不能包打天下，也不必包打天下，也包打不成天下。每个学校要根据自身的任务和优势来选择人才培养目标，打造人才培养新模式。在人才培养目标定位上，教育部属高校重点突出培养卓越人才、学术精英，地方农业高校则更多侧重培养复合型、应用型人才。农业产业具有鲜明的地域性特征，农业高校在长期的办学实践中已经逐步形成较为明显的区域特色，这是农科区别于工科、医科等其他高等教育的显著特征，因而形成各校的办学特色以及所培养人才的特色，满足我国农业发展对不同层次人才的需求。

（一）独立设置的地方农业高校本科人才培养目标

基于现代农业发展与乡村振兴战略需求而生的新农科，人才培养定位要顶天、也要立地。地方农业高校既要培养能引领中国现代农业科技发展的拔尖型人才，也要培养更多适合区域农业产业发展需求，服务区域经济发展的应用型人才。通过人才培养实现扎根区域、服务区域也是彰显地方农业高校特色的关键。大学只有在服务社会中，才能培养出符合社会需要的人才，才能找到社会急需解决的问题作为科学研究的主攻方向，才能实现文化传承创新和文明进步，从而引领社会发展。

1. 投身乡村振兴战略

地方农业高校新农科建设，要把培养勇于创新、敢于实践、献身农业农村事业的高素质专业人才作为人才培养的核心目标，为乡村振兴战略提供坚实的人才基础。

2. 多学科交叉融合发展

融合农业高校特色，按照现代工程教育理念建设新工科，加大对非工科学科知识特别是新农科知识的融合，帮助学生确立更宽广的学术视野。把新文科作为提升农业高校大学生综合素质的关键路径，以文化人、以文育人，通过新文科建设夯实学生的通识教育基础，实现从专业教育模式向通专结合的教育模式转化。

3. 专业教育与创新创业教育融合

培养拔尖创新型人才是纵向型专业人才培养思路，侧重专业理论基础扎实，专业能力、思维能力更强的学术深造导向。与此相对应，复合应用型人才是横向型专业人才培养思路，侧重知识面宽、适应性更强的就业创业导向。

4. 分阶段培养

沈阳农业大学将本科教育培养分成四个阶段：感知、认知、知知、自知。

感知阶段：一年级同学要对专业有所了解。认知阶段：二年级同学要逐步了解专业、认识专业。知知阶段：三年级同学通过进入实验室、参与科研项目等，初步掌握专业基础知识、专业方法等。自知阶段：到大学四年级，要能比较自由地利用专业知识，有效发挥专业理论知识的价值。

（二）地方综合院校新农科应用型本科人才培养目标

随着高校管理体制改革，多种形式的高等农科类院校与其他类型院校或同类院校合并组成综合大学。地方综合性大学与高水平研究型大学相比存在明显差距，具体包括学科建设平台受限、科研条件较差、学术资源短缺、高端人才队伍薄弱等。在“双一流”建设背景下，地方综合性大学应积极突破自身发展壁垒，深化大学创新教育改革，推动新型人才培养模式建设。

综合大学中农科类专业人才培养目标定位，离不开其所在综合大学的整体定位，例如作为全国重点的研究型大学浙江大学，在四校合并后，农科人才培养定位为培养理论基础扎实、知识面宽、综合素质及探索研究能力强、发展后劲足的创新型、研究型人才，以及一专多能的复合型人才。通过若干年努力，使本科生培养质量有显著提高，适应性更加增强，使毕业生有1/3进入研究生学习，1/3进入合资（外资）企业或出国深造，1/3在农业相关部门就业。又如合并较早的扬州大学，提出“立足扬州，面向江苏，服务全国”，把扬州大学办成一所国内有一定地位、国际有一定影响的，以应用学科为主，多学科融合发展的地方综合大学。其农科人才培养十分重视为“三农”服务，鼓励农科大学生毕业后到广阔的农村去施展才华，着力培养农村用得上、下得去、留得住的应用型人才。

（三）应用技术类型院校人才培养目标

2014年国务院颁布的《国务院关于加快发展现代职业教育的决定》指出，要加快构建现代职业教育体系，“引导普通本科高等学校转型发展，采取试点推动、示范引领等方式，引导一批普通本科高等学校向应用技术类型高等学校转型，重点举办本科职业教育”。现阶段，我国技能型人才培养的主体应该是高职院校和地方本科院校。

高职院校和地方本科院校的人才培养目标应该基于学校发展实际情况和经济社会发展实际需求，而不是基于“升本”或“申硕”等功利性目的。

宏观上，高职院校和地方本科院校应定位于培养知识、能力和素质三位一体的技能型人才。2011年，《教育部关于推进中等和高等职业教育协调发展的指导意见》中明确提出：“高等职业教育是高等教育的重要组成部分，重点培养高端技能型人才，发挥引领作用。”高端技能型人才能更好地满足经济发展的需要，而目前我国技师和高级技师占技能劳动者总量的比重有待提高。技能型人才紧缺已经成为制约我国经济发展的重要因素之一。

高校应以技能型人才培养为目标定位，探索我国的技能型人才培养模式。我国技能型人才培养可借鉴德国“双元制”模式，直接面向行业、企业，依据职业发展需要进行目标明确的人才培养，同时借鉴企业人员的考评体系制订相应的人才培养方案。

过去人才培养目标强调针对某些特定生产领域培养专业技术人才，新农科则要求各大高校转变人才培养目标，转为培育新型农业经营主体和创新创业生力军的新农科人才。在完善家庭联产承包经营制度的基础上，培养具备创新创业能力的新农科人才以及有文化、懂技术、会经营的高素质农民和大规模经营、有较高的集约化程度和市场竞争力的农业经营组织，既是进一步解放和发展农村社会生产力、转变农业发展方式、确保农产品有效供给的客观要求，也是减少农产品市场波动、确保农产品质量安全、提高农业效益和增加农民收入的重要支撑，还是适应工业化、城镇化快速发展，大量农村劳动力进城务工就业，应对“谁来种地”问题的迫切需要。

第二节　新农科人才的培养目标

一、传统农科类本科人才培养目标存在的问题

（一）相似度高、可操作性不强、与课程体系衔接不紧密

当前，高水平农林高校、地方农林高校、高职类农林高校都分别制定了相应的人才培养规格。然而，现行农林高校培养目标的具体描述在各高校之间、同一专业类别下的各个具体专业之间高度相似，缺乏特色和针对性。以植物保护专业人才培养目标的制定为例，中国农业大学的培养目标为“宽口径通用型领军人才”，南京农业大学和山东农业大学都确定为“创新型和应用型人才”，青岛农业大学为“复合应用型高级人才”，除了这些以外，其他表述几乎完全一致。导致国家未来发展急需的农业高新技术类专业人才供给不足，高层次的农业推广、经营及管理人才供给不足，面向区域及地方的农科应用性人才培养薄弱。

由于人生经历和社会因素存在很大不同，造成农业高等院校学生自我实现目标也有所不同，有的希望成为农业科学家，有的希望成为农业企业家，还有的愿意成为服务基层的农业一线人员。正是由于这些目标不同，导致学生努力的方向和成就也不一样，于是单一的目标制定和统一的评价手段不能很好地匹配个性化教育人才评价。然而当前高等农业院校农科本科专业的人才培养，对学生的个性发展需求缺乏有针对性的培养对策，忽视了因材施教和注重学生个性发展的教育规律，过分强调培养目标的统一。当今农科大学生毕业去向更加多样化，现有的人才培养目标设计已经无法满足学生的个性化需求。

在培养规格和培养要求方面，或者培养要求太多，或者根本没有。例如，中国农业大学植物保护专业本科人才培养方案中没有具体的培养规格和培养要求，山东农业大有19条具体的培养要求，南京农业大学有9条基本规格与素质要求，青岛农业大学有16条有关知识、能力和素质等方面的培养要求。虽然各个高校的具体培养要求各不相同，然而课程结构体系几乎完全相同，存在培养要求与课程体系相互脱节的问题。

（二）培养目标体系与急需建设的新农科核心素养不符

当前涉农高校的培养目标多能够体现出本科专业教育的学术性、专业性和基础性3个核心理念，并涵盖了知识、能力、素质3个基本要素，但是各高校均强调基础知识及基本技能方面的培养规格，且表述趋于一致，而对新农科所要求的创新能力、国际视野、人文素养等综合素质描述，出现频率较低，对掌握互联网、人工智能、大数据、安全技术等信息技术在农业生产上的应用能力和知识结构，更未提出明确要求。培养目标体系侧重于专业性知识和应用性知识的掌握，忽视创新创业能力、人文社科知识、身心素质与思想道德素质、国际视野、国际理解能力的培养，显然与新农科核心素养脱节。

二、农科人才培养目标的转变

农业高校本科人才培养一是要坚持三个面向，即“面向世界、面向未来、面向现代化”；二是要坚持为“三农”服务，即所培养人才要立足为农业、农村和农民服务。为了实现“高等教育发展要全面适应社会主义现代化建设对各类人才培养的要求”和“全面提高办学的质量和效益”两个根本转变，必须在积极转变教育思想和教育观念的基础上，对农科类专业的培养目标进行重新定位：将过去“单一的专业培养目标”调整为“专业教育与人文教育并重的双重培养目标”，将过去“培养高级专门人才”的目标调整为“培养具有较高综合素质的高级科技与管理人才”，坚持知识、能力、素质三者相统一。

新农科建设对人才培养提出的新要求与《普通高等学校本科专业类教学质量国家标准》及农学专业认证对所培养毕业生的要求存在许多共同之处，将其融合可归纳出农学专业人才培养的新要求。第一，面向国家和区域重大战略需求，科学确立专业人才培养目标。第二，依据专业培养目标及知识、能力、素质三者协调并重的原则制定培养要求，并细化培养要求，使之与课程之间形成矩阵对应关系，以此确保培养要求可达成，培养目标可实现。第三，重视多学科交叉融合，加强跨学科课程资源开发，并完善实践教学，培养学生实践创新能力和跨学科整合能力。第四，尊重学生个性化发展，培养其国际视野和家国情怀，提升其综合素质，使之具备个人可持续发展潜力和团队合作意识，未来能在农业领域提出新思路、创造新技术。这些要求构成了农学专业人才培养的重要准则，该准则不仅可发挥农学专业的传统优势，还可弥补传统农学专业在人才培养方面存在的不足，在新农科建设背景下引入该准则十分必要。

当前，农业高等教育的问题日趋明显，如趋同化现象严重、创新创业能力和实践动手能力不足、与企业行业实际脱节，知农、爱农、为农的高素质农业人才缺失。新农科人才培养要对标新农科建设的新要求，面向新农业、新乡村、新农民、新生态，主动适应国家战略需求，着力提升创新意识、创新能力和科研素养，培养一批高层次、高水平、国际化的创新型农林人才；对接乡村一二三产业融合发展新要求，着力提升学生的综合实践能力，培养一批多学科背景、高素质的复合应用型农林人才；对接现代高素质农民素养发展新要求，着力提升学生的生产技能和经营管理能力，培养一批爱农业、懂技术、善经营，下得去、留得住、离不开的实用技能型农林人才，培育领军型高素质农民。

三、新农科人才培养的共性目标

新时代高等农林教育人才培养的共性目标是“培养什么人、怎样培养人、为谁培养人”。习近平总书记提出“四个为了”做好“为谁培养人”——为人民服务，为中国共产党治国理政服务，为巩固和发展中国特色社会主义制度服务，为改革开放和社会主义现代化建设服务；“四个坚持不懈”做好“如何培养人”——坚持不懈传播马克思主义科学理论，坚持不懈培育和弘扬社会主义核心价值观，坚持不懈促进高校和谐稳定，坚持不懈培育优良校风和学风；“四个正确认识”做好“培养什么样的人”——正确认识世界和中国发展大势，正确认识中国特色和国际比较，正确认识时代责任和历史使命，正确认识远大抱负和脚踏实地。

四、不同类型新农科人才的培养目标

（一）农业科学研究型人才培养目标

农业科学研究型人才的主要流向为继续求学深造，部分人才流向各级农业教育教学、科研机构、农业企业，从事农业教育、科研工作。其培养目标是掌握现代农业发展的趋势和特点，了解农业科学的前沿和发展动态；具有坚实、宽厚的基础理论知识和系统的学科专门知识，具有广博的知识面，熟知本专业科学技术的最新发展和相邻学科或跨学科的知识；具有较强的实验能力、敏锐的观察力、科学的思维方法、丰富的想象力和创造力、良好的科研设计和组织能力；具有熟练的现代信息技术应用能力和较强的文字、口头表达能力；掌握一门以上外国语，能够熟练阅读专业外文书刊，有较熟练的外语听、说、写能力；具有较广泛的人文学科、社会科学、自然科学的基本理论知识。

（二）农业推广应用型人才培养目标

农业推广应用型人才是教学研究型大学农科本科专业培养的主体，主要流向各级各类农业推广服务机构，从事农业技术成果的推广应用服务；流向农业生产经营企业，从事农业技术应用。新型农科应用型人才培养目标是“爱农村、爱农民、懂技术、善经营、会管理”。“爱农村、爱农民”是前提，着力解决“学农不爱农、不愿为农”的问题，打造以“爱党、爱国、爱农、爱校，思源奋进”为主题的育人文化，培养农科学生服务“三农”奉献“三农”的使命情怀和责任担当；“懂技术、善经营”是关键，着力解决“学农不懂农，不会为农、干不好农”的问题，大力提高农科学生的专业核心实践能力和专业素养；“会管理”是拓展和深化，主要解决学生知识面窄、人文素养和发展潜力不足的问题。

在综合能力上，要求其具有一定的实验研究能力，具有运用新技术、新方法提高农业产品质量、降低成本、提高效益的能力；能够把控农业生产过程的各环节，具有经营管理、组织协调的初步能力；具有推动农业科技成果转化、新产品开发的初步能力；具有较广的知识面，了解本专业科学技术的新发展和相关学科的知识；具有熟练的现代信息技术应用能力，能及时获得各类农业科技信息；具有较强的文字、口头表达能力；具有一定的人文科学、社会科学的基本知识。

从知识结构上，应用型人才既要具有扎实的基本理论知识和相关的知识储备，更要具备过硬的专业基础理论；能够“认识世界及其客观规律”；具有“宽广”与“坚实”的理论基础。“宽广”是指对本学科内的基本理论知识都应该有所了解，做到知晓；“坚实”是指所掌握的理论准确、实在，但是不要求过深。具有良好的沟通推广能力；具有创新精神和创新能力；具有持续发展的潜力和后劲。

高素质应用型人才所需具备的能力结构包括专业能力、方法能力、社会能力。专业能力是“高素质应用型人才在职业业务范围内的能力，是在专业知识和技能的基础上，在特定方法引导下，按照专业要求，有目的地独立解决问题并对结果加以评判的意愿和能力”。专业能力是高素质应用型人才胜任职业工作、赖以生存的核心本领，对专业能力的要求是具有合理的知识结构。方法能力是指高素质应用型人才针对学习与工作任务。独立制订解决问题的方案并加以运用的能力和意愿，它强调解决综合性问题时的目标性、计划性和获得成果的程序性。在高素质应用型人才的培养中，方法能力常常表现为学生获取新知识、新技能的能力，如针对给定的工作任务，在复杂的学习和工作过程中搜集和加工信息、独立寻找解决问题的途径，并把已获得的知识、技能和经验运用到新的实践中。社会能力是高素质应用型人才经历和构建社会关系、感受和理解他人的奉献和冲突、懂得互相理解，并负责任地与他人相处的能力和愿望，包括社会责任感和团结意识等。社会能力是与他人交往、合作、共同生活和工作的能力，包括工作中的人际交流、公共关系、群体意识和社会责任心等。

（三）经营管理型人才培养目标

经营管理型人才培养目标侧重各类农业企业经营管理、农业产品市场营销等相关工作，各级农业机构农业管理工作。要求学生掌握本专业的基本理论和专业技术知识；具有较广博的知识面，了解相关专业的基本知识与技能；以农科专业知识为基础，同时融合经营管理知识技能。要求学生掌握较广泛的人文科学、社会科学知识，了解农村政策、农业金融、农业行政，具有农业企事业组织、策划、管理的初步能力；有较强的市场意识，善于分析和把握商机，具有市场创业意识和创业的基础能力；有较强的文字、口头表达能力及人际交往和协调能力；能较熟练地阅读本专业及相关专业的外文资料，有一定的听、说能力；能较熟练地将现代信息技术、现代管理知识运用于农业企业管理中。

（四）生产实践型人才培养目标

生产实践型人才直接在农业生产一线工作，对这类人才的培养目标强调要有良好的农业生产实践技能。要求学生了解本专业的基本理论和专业技术知识；比较熟练地掌握一定的现代农业生产技能，实践动手能力比较强；具有运用农业新技术、新方法提高农业产品质量、降低成本、提高效益的能力；有较强的市场意识，具有一定的农业生产创业能力；具有一定的口头表达能力和人际协调能力，在农业生产实践中能发挥带头作用。

对受教育者个体而言，在不同类型的涉农高等学校中，同时存在着科学研究型人才、推广应用型人才、经营管理型人才、生产实践型人才等多样化的发展选择通道，实现这一发展目标的选择主体是受教育者本身。

（五）创新型人才培养目标

农科创新型人才培养目标的基本框架是在知识经济的背景下，高等农业院校应充分利用现有的教育资源，力求着重培养具有学农、爱农，甘于献身农业的精神、责任感、优良品德；具有扎实农业专业知识；具有较强独立分析能力与解决农业生产中实际问题的能力的全面发展的创新型人才。农科创新型人才培养中应加强专业实践知识的培养，注重理论教学与农业生产有机结合。一方面，要有意识地培养学生的独立性，不依赖于他人，能够实施自己的想法，在遇到问题时，想办法解决。遇到挫折时不气馁、不放弃，坚持自己的理想。另一方面，要着重培养学生解决问题的能力。解决问题的基础是对问题有深入的了解，能够看到问题的本质，这需要有扎实的知识水平做支撑。

五、新农科人才培养目标的制定依据和原则

人才培养目标不论如何分类，其核心的价值追求是一致的，即都要坚持教育自身规律与社会关系的理性认识，维护高等教育本质和大学使命，时刻反思在办学中对教育本质的把握。始终不能放弃对人与社会本质需求的激发和追求，引导学生不论将来从事何种职业，成为何种类型的人才，都能够推动和影响社会发展进步。新农科人才培养目标要能体现出党和国家对高校教育方针和政策的要求，符合服务国家战略和区域经济社会发展的需求，适应地方高校自身特色与优势，使之进一步提高与区域经济社会发展需求的适应度，不断培养出适应和引领未来农业发展需要的新农科人才。

（一）制定新农科人才培养目标的依据

1. 以农科教育的教育目的为依据

教育目的作为人才培养的总目标，是制定各级各类教育培养目标的根本依据，确立培养目标也要以国家的教育目的为依据，农科创新型人才培养目标要依据这一教育目的来制定，才能不脱离教育法的精神，才能在实际的教育工作中摆正位置，针对农科教育的特点、创新型人才培养的目标，制定出可操作性强的培养目标构架。依据高等教育产业化理论，将高等教育活动作为一项产业看待，高等院校培养出来的学生就是要投入市场中供消费者选择的产品，用人单位就是消费者。在高等教育领域之中，用人单位对人才培养具有导向作用，决定人才培养的方向，高等院校需要通过深入的了解和调研，紧跟用人单位的需求变化。学生是交易的客体，但学生自身的主观性却不容忽视，否则人才培养过程不能顺利进行。高等院校要想使自己培养出来的人才被企业接受，需要企业和人才自身的配合，同时高等院校也应进行及时的调控，避免出现结构和数量的失衡。可见，用人单位、高等院校、学生三方面直接影响农科人才的培养过程，对培养目标的内容要素有选择和评价的作用，是培养目标的过程要素，在制定培养目标时不能忽视。

2. 以社会经济发展对农科人才培养的要求为依据

当今，社会资本由物力资本时代进入人力资本时代，社会经济由“物质经济”为主导向“知识经济”为主导转换。社会经济发展的水平既决定了教育的性质，也决定了其本质。因此，在制定培养目标时，要明确社会经济发展水平对岗位的知识、能力、思想道德素质和身心素质的要求。

3. 以受教育者自身的条件和要求为依据

教育的对象是人。一个科学合理的人才培养目标还必须考虑受教育者自身的需要，离开个体自身发展，教育满足社会需要就无从谈起。因此，应根据受

教育者自身的要求，有针对性地开发课程，才能使教育可持续发展。

4. 以农科类高等教育院校自身的特点为依据

经过多年的发展和积累，农科教育形成了自身的优势学科，并以点代面，在扩大优势的同时带动其他专业的发展，为人才培养提供更广阔的空间。在制定农科创新型人才培养目标时，高等农业院校以及含有农科类教育的高等院校将依据自身的优势学科，更加满足现代农业的发展需要。

（二）制定新农科人才培养目标的原则

1. 以专业知识为主体，突出农科特色

要求学生能够掌握多方面的知识是不够的，应在掌握专业知识的基础之上，贯穿各种理论知识并形成一定的体系，以便在实际的工作中找到更便捷、更科学的解决问题的方式方法。也就是说，在教学实践中要将知识传授放在首要位置，以农科专业知识为主体，融合其他学科知识而不单单是对多方面知识的掌握。

2. 以学生的全面发展为根本，突出复合型特色

“全面”是抽象概念，指学生的身心、知识水平、品德修养和能力水平均衡发展，避免出现只注重学习成绩而忽视能力，或者只看重知识水平提高而忽视身心发展的现象。复合型特色，指在各个方面都有一定能力，在某一个具体的方面出类拔萃。突出复合型特色，就是以学生的全面发展为根本。学生的全面发展是人才培养的最终目的，教育最后都应归结到学生自身独立地发展，创新型人才培养目标必须坚持这样的原则。

3. 以培养适应知识经济发展的人才为方向，突出能力特色

培养农科创新型人才不仅要使其具有专业必备的基础理论知识，还应当具有从事本专业实际工作的全面素质和综合职业能力，即使其能胜任生产建设、管理、服务等工作，成为高级技术应用型人才。知识经济时代不仅需要人才在德、智、体、美各方面全面发展，而且要具有更宽的知识面，具备更强的技术转化与技术创新能力、群体合作能力、吃苦精神、社会交往与社会服务能力、组织管理能力，这才是农科创新型人才的培养方向。

4. 以学生品德教育为基准，突出素质特色

学生的品德教育是教育的重要环节，学生的行为是道德意识内容的外化。这个过程表现了学生的愿望、动机、情感、意志、信念、理想等因素相互作用的关系，这些因素的作用和相互关系，构成从业人员的道德行为的内部结构。增强对学生品德的教育，不单纯指培养学生热爱农业、献身农业的精神，更重要的是教会学生什么是责任。通过品德教育引导学生树立正确的道德标准，增强学生辨别是非的能力，突出学生的素质特色。

第三节　新农科人才培养规格

现今我们应以服务“三农”和建设社会主义新农村以及满足农业生产方式转变和农业科学技术发展为目标，以提高农业高等教育教学质量为核心，坚持农业理论与农业实践相结合的人才培养原则，对农科类专业人才培养目标进行重新定位。以综合能力提高为导向，以全面素质提升为宗旨，探索新农科人才培养规格。

一、制定新农科人才培养规格的依据

（一）培养规格应当突出当地大学的根本特征

大学有两个根本特征：一是综合性，二是地方性。就综合性而言，综合大学具有多学科的综合优势，具备培养各种复合型人才的教学条件，也具备向学生提供选择人文科学、自然科学、思维科学教育，以拓宽知识面的学习条件，因此，在设计人才培养规格时，应当充分发挥综合大学的优势，使不同专业之间优势互补，培养复合型人才，拓宽知识面。就地方性而言，人才培养规格的设计应当充分考虑本地区区域经济的特殊性，充分考虑本地区经济与社会开展的需要。比如，由于南方地区与北方地区自然条件存在巨大差异，因此，南方地方高校农学类专业与北方地方高校农学类专业在人才培养规格的知识结构方面，应当有很大的不同；由于西部地区与东部地区经济发展水平存在差异，西部地方高校与东部地方高校的同一个专业，在人才培养规格方面也会各有侧重，东部地区对外开放程度高，所以东部地方高校对学生的外语能力就有较高的要求，西部地区对外开放程度较低而且毕业生大都是走向基层、走向农村，所以西部地方高校对学生的外语能力就不会提出太高的要求。

（二）培养规格应当突出的时代特征

当代人才培养规格应当强调两个根本要求：一是创新能力，二是创新精神。为了培养学生的创新精神与创新能力，就必须要求学生在知识结构方面具备现代科学技术文化知识与技能，农科类专业的人才培养规格，应当突出生物技术与生物工程的知识与应用能力。

（三）处理好知识、能力、素质三者协调发展的关系

人才培养规格优化目标之一是知识、能力、素质三者协调发展，对于不同的专业，其具体内涵会有所不同。对于研究型人才，不但要求其知识结构“根底扎实、知识面宽”，而且还要求有一定的深度，即知识要深厚一些；而对于应用型人才，要求其应用能力、实践能力要更强一些。在素质结构方面，为人

民效劳的精神是对各种人才的普遍要求，而对于条件艰苦的专业来说应当有更高层次的要求，即应当有奉献精神。农学类专业要求“特别讲敬业，特别能吃苦，特别肯干活，特别讲奉献，特别耐磨炼”。具有良好的职业道德是对各种人才的普遍要求，而对于医学专业来说应当有更高层次的要求，即应当有救死扶伤的高尚职业道德。

（四）处理好人才培养的统一性要求与多样性需要的关系

国家对本科教育人才培养规格的统一性要求，是为了保证人才培养质量而规定的根本质量标准，它与高等学校人才培养规格多样性并不矛盾。高等学校人才培养规格多样性，是在统一性基础上的多样性。但是，人才培养规格多样性，并不是人才培养规格的随意性，而是要根据社会需要的人才类型以及本地区、本校的实际情况，进行科学的、合理的、精心的设计，包括对人才的知识结构、能力结构、素质结构以及三者的整体结构进行科学的、合理的、精心的设计。而且，还要留下充分的时间与空间，创造各种条件，让学生能够在统一性要求下，设计自己的知识结构、能力结构、素质结构。

二、新农科人才培养规格

（一）知识规格

知识是人们在改造世界的实践中所获得的认识和经验的总和。《高等教育法》规定，本科教育应当使学生比较系统地掌握本学科、专业必需的基础理论和基本知识，具有从事本专业实际工作的基本技能和初步能力。因此，农业高等院校应当按照《高等教育法》对本科学历教育的教学标准，结合新农科植物生产类、自然保护与环境生态类、动物科学类、动物医学类、林学类、水产类、草学类各专业的培养目标，科学定位培养规格和知识标准，使新农科专业人才获得比较系统的农业基础理论和基本知识。一是要适应新农科学科门类专业特点。新农科学科门类是一个复杂且广泛的系统，涉及自然科学和人文社会科学，具有综合性特征。同时，新农科学科门类又涉及生命科学领域，以生产农业产品为目的，具有实践性和应用性特征。因此，新农科学科门类专业人才应当具备农业综合性、实践性和应用性的基础理论及基本知识。二是要适应新农业行业需求。现代农业尤其基于生物技术和信息技术农业的发展，对新农科学科门类专业人才的培养规格提出了新要求。新农科学科门类专业人才应当掌握适应高产、优质、高效的现代农业行业需求的基础理论，掌握基于生物技术和信息技术的现代农业生产、科技推广、产业开发、经营管理等方面的方针、政策及法律法规知识，以适应农业行业的人才市场需求。三是要适应新农业发展趋势。当今新农科学科门类专业呈现科技化、信息化、生态化、市场化和可持续的发展趋势。因此，新农科学科门类专业人才应当具有实现农业可持续发展的意识，能够紧跟专业的理论前沿、应用前景和发展动态，以适应农业发展的趋势。四是要适应社会发展需要。新农科学科门类专业人才除应当具备农业科学知识外，还应当具备文学、历史、哲学、生物伦理学、中国传统文化、艺术、法学、管理学、心理学等人文社会科学知识，以适应社会发展的需要。

（二）能力规格

能力是个体完成某项活动时表现出的个性心理特征。高等教育的根本任务是培养具有创新精神和实践能力的高级专门人才。新农科学科门类专业主要是以实践性、应用性为主的专业，培养具有能力尤其具有实践能力的人才是其教学质量和人才培养质量的核心标准。一是应当具有应用专业知识的能力。能够综合运用所学专业的基础理论和基本知识从事农业生产、农业技术开发、农业管理、农业教育、农业推广等农业行业的工作，具有就业和创业的能力。同时，具有运用所学专业知识进行农业科学研究的能力。二是应当具有获取农业知识的能力。具有良好的自学习惯和自学能力以及终身学习能力，掌握农业科技文献、农业资料、农业信息等的检索和分析方法及技术，能够独立获取农业新信息、新知识和新技术。三是应当具有应用综合知识的能力。具有较强的农业调查和分析能力，具有较好的口头与文字表达能力，能够传授农业科学技术知识和技能，能够明晰而准确地表达专业的理论知识和操作技能以及学术观点。同时，为适应现代农业信息化和农业科技国际化的发展趋势，还应当具有计算机应用能力和较好的外语交流能力。四是应当具有实践创新的能力。应当具有农业实践创新的意识、思维和精神，能够运用农业基础理论、基本知识、综合性知识和工具性知识进行农业生产实践、农业科学实验、农业技术发明创造等实践创新活动，解决农业生产实践和农业科学技术创新等方面的理论与实际问题。

（三）素质规格

素质是完成某种活动所必需的基本条件。农业高等院校培养的新农科学科门类专业人才除应当具备必要的知识、能力外，还应当具备必要的素质。一是要有思想道德素质。拥护中国共产党领导，坚定社会主义信念，遵循社会主义核心价值体系，热爱祖国、热爱人民、遵纪守法、诚实守信、团结互助、艰苦奋斗，具有正确的世界观、人生观和价值观。二是要有专业职业素质。农业高等院校要结合新农科学科门类专业的特点，培养新农科学科门类专业人才的农业思维和农业视野，激励其对农业的专业兴趣和发展农业的职业理想，增强其从事农业生产和农业科技创新以及发展农业的使命与责任。同时，新农科学科门类专业人才应当学农、爱农、务农，自觉接受适应新农科学科门类专业的科学思维训练，掌握新农科学科门类专业的科学研究方法，掌握农业劳动基本技能，具有较好的专业素养和价值效益观念，具有良好的职业道德和敬业精神，具有严谨的求实创新品质和良好的学风以及协作奉献的精神，以适应建设社会主义新农村和促进农业产业发展以及实现农业现代化的需要。三是要有身心健康素质。农业既是基础产业，又是艰苦行业。新农科学科门类专业人才应当身心健康、人格健全、体魄强健、意志坚强，掌握基本运动知识和一项运动技能，达到大学生体育锻炼合格标准，具有良好的心理素质及生活习惯，以适应农业行业工作。四是要有文化素质。具备文学、历史、哲学、艺术等人文素养，有一定文化品位、审美情趣，良好的语言文字表达能力和应变能力。

第七章

新农科人才培养的基层教学组织建设

第一节 概 述

一、基层教学组织的概念、含义和特点

组织是由特定的人群为达成一定目标而组成的实体单位，其主要特征是存在着正式的和非正式的结构，组织成员之间以及组织与外部环境之间通过互动实现组织目标。

高校基层教学组织是以高等教育和科学研究为目标的组织，是高校进行教学组织、教学管理、教学改革的最基本教学单位，是教师之间研究教学问题、交流教学经验、切磋教学方法、开展教学研究的学习共同体，是高校提高教学质量、促进教师发展和人才培养的最小组织细胞。目前，国内的学者们对于基层教学组织有两种观点。一种观点认为高校基层教学组织是基层学术组织概念的延伸，是基层学术组织教学职能的发挥。人们基于这种观点将高校基层教学组织定义为：高校基层教学组织是发挥学术组织的教学职能，贯彻执行学校教学任务，组织制定教学大纲、制定人才培养方案、检查教学运行过程、开展教学研讨并建设教师队伍的最基层单位。另一种观点认为高校教学基层组织是指高校纵向组织中承担教学、科研、服务职能的最低层次的正式组织，对高校教学管理系统的运行起着基础和保障作用。人们基于这种观点将高校基层教学组织定义为：高校基层教学组织是落实教学任务、促进教师教学发展、组织开展学术研究、承担群体性教学活动的最基本教学单位，是保障高等学校的教育教学质量的最基本单元。

高校基层教学组织又有广义和狭义之分，广义的基层教学组织包括院系、教学部、教学团队、教学基地、教研室、教研组、课程组和实验教学中心等，狭义的基层教学组织通常是传统意义上的教研室或课程组。其含义包含以下几个方面：

一是教学，大学的教学任务主要通过基层教学组织完成。

二是科研，科研的重要性和方向与不同类型大学的定位有密切关系。比如

研究型大学以培养学术型人才为主要目标，因此教学服务于科研。应用型大学就是以培养学生服务社会各行各业为主要目标，科研相对处于次要位置。教学科研型大学则是以培养复合型人才为目标，强调教学与科研并重。

三是作为专业科目的教学组织，对专业科目的成长与发展有着内生的责任与要求。

二、高校基层教学组织历史演变

我国的高校基层教学组织发展历史比较短暂，但发展过程曲折复杂。我国高校的基层教学组织的发展可追溯到戊戌变法前后，一直到中华民国时期，其历程可按照中华人民共和国成立前和中华人民共和国成立后来划分。

中华人民共和国成立之前我国高校的基层教学组织都是效仿欧美高校的大学制度，实行的是“学校—学院—系”三级管理体制，由系承担教学和科研的任务，系是基层教学组织。中华人民共和国成立后，我国高校模仿苏联高等教育组织结构，取消学院制，实行“学校—系”两级管理体制，在系下设教学研究指导组（以下简称“教研组”）作为基层教学组织。教研组（室）的形式从中华人民共和国成立初开始建立，一直延续到20世纪80年代，是生命力较长和较稳定的一种组织形式，其发展经历了初步建立、恢复发展、渐进式微、回归和创新四个阶段。

（一）高校教研组初步建立阶段

中华人民共和国成立后，我国高校教研组受国内政治因素的影响，在创立初期就经历了两个小阶段，即初期的建立和紧跟着的破坏。

1. 初期的建立

中华人民共和国成立后，我国确立了全面向苏联学习的基本方针。这在高等教育领域表现为学习苏联高等教育管理体制，取消学院制，在系之下按照国民经济计划要求设置专业，根据各专业所开设的课程设置教研组。教研组由教授、副教授、讲师和助教组成，基本任务是完成教学工作、教学法工作和科学研究工作，具体包括讲课、答疑、考试、考查和测验，指导学生作业、毕业论文设计和实践实习等教学工作。教研室主任比同级少担任一定的教学工作量，鼓励其有更多的时间独立地开展科学研究，讲师和助教也可以在教授或副教授的带领下进行科研，教研室科研的职能进一步得到重视。同时，教研室主任可以少承担一部分教学工作量，承担一定的教学管理工作，教研室行政管理的职能渐渐凸显。

首任教育部长马叙伦在第一次全国高等教育会议上提出，为解决师资数量不足和质量不高的困难，加强师资的政治学习与业务学习，各校要成立和加强教研组。1950年8月14日，教育部《高等学校暂行规程》《专科学校暂行条例》把设立教研组用法规的形式确定下来。相关条例规定教研组为教学的基本组织，由一种科目或性质相近的几种科目之全体教师组成，并且规定教研组主要负责讨论、研究、制定和实施本组课程的教学计划与教学大纲，收集有关教学资料、编写教材，研讨教学过程中发生的问题，交流教学经验和切磋教学方法。教研室主任由校（院）长在教授中聘任，并报请中央教育部备案，其职责是领导本组全体教师，讨论及制定本组科目的教学计划与教学大纲，领导及检查本组的教学工作和研究工作，领导和组织本组学生的自习、实验和实习。

中华人民共和国成立初期学习苏联设置教研室仅限于少数几所学校，比较典型的是中国人民大学和哈尔滨工业大学。

中国人民大学成立之初就确立教研组作为基层教学组织。1949 年，《关于成立中国人民大学的决定》指出，"为适应国家建设的需要，决定设立中国人民大学，接受苏联先进的建设经验，各系设教学研究组。"中国人民大学成立时的内部组织结构完全是按照苏联大学模式建立起来的，教研组从此被引入中国高校。到 1952 年底，中国人民大学已经初具规模，设有 9 个系、38 个教研室、1 个编译室，此外还有专修科、预科、马列主义研究班、研究生班、马列主义夜大学、夜校、函授专修班和附设工农速成中学等，为国家培养了各类专门人才。

中华人民共和国成立后，哈尔滨工业大学回到祖国的怀抱并进入全面改造和扩建的新阶段。1951 年，教育部党组在《关于哈尔滨工业大学改进计划的报告》中确定哈尔滨工业大学的办学方针和任务是"效仿苏联工业大学的办法，培养重工业部门的工程师和国内大学的理工科师资"。在苏联专家的帮助下，哈尔滨工业大学也建立了"教研室"式的教学基层组织。据粗略估计，1951—1957 年，一共有 70 多位外国（主要是苏联的）专家在哈尔滨工业大学工作。这 70 多位专家都具有很好的理论功底、实践精神和敬业精神，像年老的机械制造工艺专家布兹聂克每天教完 4 堂课之后，仍一直坐在教研室为学生们答疑，指导教研室工作，解决工厂的疑难问题，往往要工作到下午 3 点以后才回家吃午饭。这些专家来校后勤奋地工作，直接培养和指导结业的本科生和研究生 600 多人，为哈尔滨工业大学的飞跃发展做出了巨大贡献。

中国人民大学和哈尔滨工业大学学习苏联设置教研组的成功经验之后被推广到全国各个高校。从此，教研组作为教师集体学习的组织在我国高校生根发芽，并日益发挥重要作用。然而，这个时期由于教师的教学科研被认为是教师个人的活动，组织教师在教学研究组进行集体活动，无论从认识上还是实践中都是一个比较困难的课题。因此，从 1950 年中国人民大学开始设立教研组到全国所有大学基本上都设立教研组大约用了 6 年时间。

1953 年，教育部关于《全国高等工业学校行政会议关于稳步进行教学改革提高教学质量的决议》提出，教研组（室）是保证教学改革顺利进行的基层组织，实施教学计划的贯彻、教学大纲的拟定（或修订）与执行，教材的编写、教学方法的改进、学生学习方法的指导以及教师政治思想与业务水平的提高、新教师的培养、科学研究工作的组织与领导等，都应通过教研组的集体工作进行。教研组工作的好坏，直接关系着教学质量的优劣。各高校先后加强了高校教研组（室）的建设。为了在全国范围内统一基层教学组织，在教育部、高等教育部的指示及苏联专家意见的指导下，各高等院校认真进行了教学组织的改组工作，并取得了成效。高等教育部在1955年8月批准的《1954年的工作总结和1955年的工作要点》中认为，全国高等院校已经基本上完成了改组或成立教学研究组的工作。到1956年，我国高校基本上都已经建立起教学研究组，后改名为教学研究室，即教研室。从此，教研室作为高校基层教学组织终于正式登上了中国高等教育的舞台。高校教研室的迅速建立并在大范围内的推广是与中华人民共和国成立初期百废待兴的政治环境和计划经济体制相适应的。此期间，教研室还承担着高等教育课程改造的任务。中华人民共和国成立前高校用的都是英美课程，现在要改造成苏联的课程，也就是把资本主义的课程转变成社会主义的课程，因此，需要教研组组织教师们一起讨论教学计划和教学大纲的制定，修改、重新编写教材。正是这些教研组的迅速成立，并在组织教学、保障教学质量、加强师资队伍建设等方面发挥了重要作用，为社会主义建设培养和输送了大量的人才。院系调整结束之后，高校的各项工作开始走上正轨，学校工作主要围绕教学进行，教研室发挥了积极的作用。

1961年，中共中央正式批准试行《教育部直属高等学校暂行工作条例》（以下简称《高教六十条》），明确了教研室的含义，认为教研室是按照一门或性质相近的几门课程设置的教学组织。与中华人民共和国成立初期不同的是，这一时期教研室的职能增加了科学研究和学术工作，规定高等学校的科学研究工作，应该有计划、有重点地进行。教学研究室应有比较固定的研究方向。科学研究计划要力求把国家的需要同教师个人的专长结合起来，鼓励不同学派和不同学术见解的教师们自由探讨，支持教师根据自己的特长、志趣和学术见解自由选题，进行研究，并且在工作条件上尽可能给予帮助。《高教六十条》颁布实施后，高等学校确立以教学为主的工作方针，教研室重新恢复工作，教学秩序得以稳定，教学计划安排得当，教学质量得到较快提高，科学研究工作也得到了鼓励，教研室逐步走上了教学与科研相结合、理论与实际相结合的道路。然而，这种比较好的局面也仅维持到1963年，1963年以后，受“左”的思想的影响，教研室的政治活动越来越多，教学质量颇受影响。

2. 破坏阶段

从1957年开始，政治运动就来了，反右斗争、拔白旗、反右倾，一个接着一个的运动打乱了正常的学习生活，特别是1958年5月，中共八大二次会议通过了“鼓足干劲、力争上游、多快好省地建设社会主义”的总路线。学校受“左”的思想的影响，“教育与生产劳动相结合”的方针实际上变成了以生产劳动代替教育，正常的教学秩序被打乱。从1957年的反右斗争，到1958年的“拔白旗”，再到1959年的反右倾，“文化大革命”时期就整天闹革命，既不讲课也不招生，大学原有的组织机构遭到破坏，教研室被认为是资产阶级知识分子统治的基础，被彻底“砸烂”。校、系两级管理体制被校、系两级革委会替代，教研室被撤销，专业委员会（也称专业连队）一度取代教研室成为基层教学组织，这一时期教学和教学管理秩序基本瘫痪，基层教学组织的作用得不到发挥。1970年8月，校革委会决定在学校建立新体制试点——在原有校办工厂、实验室、科研组的基础上，打破系的界限，建立校办工厂，实行厂带专业。教师、学员和校办工厂的工人一起组成专业连队，由工厂实行一元化领导，统筹安排教学、科研、生产，建立无产阶级教育新体制，这种理论脱离实际的“新体制”，主观随意推行生产联系实际的模式，教师组织名称和部队一样都设“连”“排”，严重违反了教学的客观规律，导致教学质量严重下降。

（二）高校教研室的恢复

“文化大革命”结束后，百废待兴之际，恢复高校教研室成为重整办学秩序的当务之急。于是，各高校重新恢复了教研室建制。1978年10月4日，教育部关于《全国重点高等学校暂行工作条例（试行草案）》再次明确了教研室的基层教学组织地位，明确了教研室是按专业或课程设置的教学组织，以及教研室主任的主要职责与权限在《高教六十条》基本基础上增加了组织教师进修和研究生培养等方面的工作，科研和学术活动也得到了一定程度的加强。教研室重新恢复活力，再度发挥起组织教学和科学研究等方面的积极作用。

（三）渐进式微阶段

渐进式微表现为高校教研室职能的分工细化。20世纪80年代，邓小平同志提出“大学应办成教学和科研两个中心”，大学科学研究的职能进一步增强。1978年10月4日，《教育部关于讨论和试行全国重点高等学校暂行工作条例（试行草案）》提出“教学研究室（研究所）要有长远的科学研究方向，科学研究时间一般可占全校教师工作时间的30%左右。”恢复并新建一批研究所（室），积极开展科学研究，为了发挥高等学校在发展科学技术方面的作用，加强高等学校的科研工作，促进我国科学技术更快发展。为了尽快把学校办成科研中心，一些高校逐步按学科和专业发展需要增设了很多研究机构，专门进行科学研究。1989年统计数据显示，全国有366所高等学校建立了1 739个研究机构，其中研究所870个，研究室869个。1985年，国家教委《关于高等学校科学技术工作贯彻中共中央科学技术、教育体制改革决定的意见》提出，鼓励高等学校为完成重大科学研究任务或重大工程的前期研究任务而组织跨学科、跨系、跨校的各种联合研究组织或协作组织，也鼓励为完成某一科学研究任务成立课题组。为了长期稳定地进行某些领域的重大科学研究，可以有重点地建立一些相对稳定、确有特色而又精干的专门研究机构。这一时期强调基层教学组织在发挥教学职能的同时，还要注重其科研职能的发挥。与此同时，以科研职能为主的研究院、研究所（中心）以及科研团队、课题组等研究机构纷纷出现，教研室的科研职能逐步由这些新成立的研究机构承担，突破了以教研室为主的基层教学组织的局面，教研室的职能逐步萎缩。

（四）回归创新阶段

20 世纪 80 年代之后，随着科学技术、知识结构的高度分化与高度综合，原有管理体制下的基层教学组织已经不能适应时代发展的需要，于是各高校开始探索适应新时期的基层教学组织。特别是随着科学技术和高等教育事业的迅猛发展，高校的科学研究任务日趋增多。为了提高教学水平和科研水平，办成既是教育中心，又是科研中心，加强学科建设成了高校提高办学水平的关键。以专业或课程为基础设置的教研室，在满足知识向纵深领域拓展的同时，往往容易忽视知识结构的横向联系，学科之间难以沟通和融合。为了打破学科专业壁垒，实现学科之间的交叉融合，提高大学的教学科研水平，各高校进行了教研室建制改革的探索，致力于建立一个灵活的、没有行政事务的教学科研实体，学科组应运而生。

1984 年，上海交通大学开始进行撤销教研室、建立学科组的试点。从 1985 年开始，全国有一批高校进行了教研室改组成立学科组的改革。学科组是由志同道合的人组成，组织成员之间能够齐心协力地工作。它是一个学术机构，强调其学术性，弱化行政职能。与教研室相比，学术带头人有职有权，能够独立地找任务、接课题、谋生存、求发展。学科组具有弹性，能够适应科学技术的发展和人才培养规格的变化。这种组织模式有利于新学科的成长和多学科的协作攻关，也有利于拔尖创新教师的脱颖而出。到 1986 年，上海交通大学各专业教研室已撤销，建立起 135 个学科组，并从实际出发，保留了极少数的公共课教研室。在建立学科组的过程中，撤销教研室，建立学科组，实行教师聘任制，有利于解放生产力、调动教师的积极性，有利于学科建设特别是新学科的发展，有利于提高学校的教学、科研水平。

第二节　新农科人才培养的基层教学组织建设

一、新农科人才培养中基层教学组织存在的问题

新农科建设已经成为我国涉农高校发展的必然趋势，而完成这一转型，需

要新农科人才培养体系以及教师的教学、科研围绕这一思路同步转型。然而，长期以来以传统农科思路形成的基层教学组织模式并不能满足当前的转型，主要表现在以下几个方面。

一是缺乏充足的资源配置保障，基层教学组织责任与权限不匹配。在现有教学管理体制下，基层教学组织并非实体组织，缺少足够的资源配置权限，在聘岗、人员考核等方面少有话语权，限制了基层教学组织参与教学事务的空间和效能的发挥。虽然学校明确了教授在基层教学组织中的核心管理地位，但因缺乏有效的资源配合其进行管理，组织成员（尤其是来自其他部门的组织成员）没有实质的管理权限，权责不对等、不匹配。

二是经费保障有待完善与加强。基层教学组织运行虽有学校的运行经费保障，但因基层教学组织基数较大，具体到每个组织的经费有限，处于最底层的教学组织甚至没有固定的运行经费，不利于教学活动的开展，特别是对规模较大、持续时间较长的教研、教改活动的支撑力度明显不足。此外，目前基层教学组织运行经费均由国家划拨，在管理上有较多限制，不利于教学活动的开展。

三是基层教学组织的成员缺乏明确标准，存在两极化倾向。一种是把控过于严格，仅限定承担核心课程的教师为其组织成员，使得基层教学组织成为核心课程的教学团队。另一种是完全放任，不考虑教学工作的实际承担情况，将专业所在部门所有人员，甚至相邻专业教师不加选择地全部作为其组织成员，过度追求组织规模。

四是实验类基层教学组织建设有待加强。农科特别是新农科是实践性非常强的学科，但从基层教学组织数量来看，专业类基层教学组织多，实验类、实践类基层教学组织比例明显不足。

五是基层教学组织中教师职能的转变。教师是高校基层教学组织的主体。新农科的人才培养对教师的能力提出了更高的要求。然而，当前普遍存在老教师的知识结构及风格受自身过去经验的影响，而新教师虽然具备先进的知识结构但往往经验不足且知识面不够宽，都会限制新农科基层教学组织发挥作用。新农科基层教学组织要充分利用现有条件，组织切实有效的活动，提升新老教师知识结构、能力结构和教书育人能力，才能更好地完成新农科对人才的培养目标。

二、新农科人才培养基层教学组织建设的原则

无论是传统学科的基层教学组织建设，还是新农科背景下的基层教学组织建设，都是一项极为复杂、创新程度极高的工作，当前尚处于探索阶段。

（一）开放与封闭相统一

开放与封闭相统一是大学基层教学组织建设的基本原则。纵观大学的发展

历程不难看出，大学基层教学组织建设实质上是开放与封闭交替进行而又不断冲突的过程。在大学发展实践中，具体体现为保守与创新之间的矛盾。在传统社会阶段，大学与外部环境边界清晰，大学处于一个较为封闭的状态。在知识经济社会，大学逐步走向社会的中心，大学开放程度越来越高。毫无疑问，大学当前已是一个典型的开放性系统。因此，新农科人才培养基层教学组织在建设过程中坚持开放与封闭相统一原则时要做到以下两点。其一，推进大学的开放性。在传统农科人才培养过程中，重理论、轻实践，学生只能通过老师宣讲了解新型的技术、机械和生产过程，学习效果不佳，因此毕业后无法完全适应现代农业发展的需要，其中一个主要的原因在于大学开放程度不够，与外部环境尤其是与企业互动过少，从而导致学科链与产业链割裂。故在新农科背景下，大学要进一步增强开放程度，在教学过程中积极引入政府、企业、社会等多元主体参与。尤其在人才培养过程中，需要加强与企业的联系，加强产教融合，大力引进企业的优质资源，实行协同育人。其二，适当保持大学的封闭性。大学作为承担了特殊使命的组织，在目标、架构等方面与其他组织具有较大的差异性，因此，大学在发展过程中具有一定的保守性。新农科人才培养基层教学组织在建设过程中，为了防止外部环境的过度冲击和干扰，应该对大学的核心活动进行封闭。总体而言，大学最小的封闭单位应该是课程与专业。

（二）自由与规范相统一

自由与规范相统一是新农科背景下大学基层教学组织建设的核心原则。自由和规范是大学在发展过程中处理外部和内部各种关系面临的重要矛盾。如对于所有关系中最重要的大学与政府的关系来说，二者的关系在实践中具体体现为政府规制和大学自主之间的矛盾。此外从大学事务角度看，在教学、科研活动中，需要解决学术自由与学术规范的统一。2016 年 12 月，习近平总书记在全国高校思想政治工作会议上发表的重要讲话中明确指出："坚持学术自由与学术规范相统一。"新农科基层教学组织建设在坚持自由与规范相统一原则时，应着力从以下两方面入手。第一，大力保障自由。教师和学生是大学组织的主体，尤其对于教师而言，因其承担了创造知识和传播知识的重任，因此不能完全实施企业或政府科层式的管理模式，要赋予教师充分的自由，尤其是学术自由。自大学产生以来，学术自由就作为一个"永恒的信条"融入大学的"血液"，并不断被提倡、坚持和追求。在我国，自大学产生以来，学术自由在大学的发展一直步履维艰。基层教学组织作为高校的最底层组织，是开展教学等工作的核心机构，因此在建设过程中，应大力倡导并切实落实学术自由。第二，坚持必要的规范。所谓"无规矩不成方圆"，这句话在某种程度上对大学也是适用的。与其他类型的自由一样，学术自由也有一定的限制。极端的学术自由就是放任自流，同样会导致学术腐败、学术霸权等不良现象。据此，美国高等教育界提出了著名的“学术自由、学术自治、学术中立”原则。因此我国在基层教学组织建设中，在大力实施自由的同时，同样应坚持必要的规范。

（三）共性与个性相统一

共性与个性相统一是新农科背景下基层教学组织建设的重要原则。从大学的发展历程来看，大学相继发展了教学、科研、社会服务等职能。各国的大学发展模式既表现出一定的全球同质化，又因传统的差异而表现出多样性，这就是所谓的同质异形。也就是说，大学发展既具有普适性即共性的一面，同时又表现出自身的特殊性即个性的地方。据此，2017 年 9 月中共中央办公厅、国务院办公厅印发的《关于深化教育体制机制改革的意见》中明确规定，应坚持“扎根中国与融通中外相结合”的原则。因此，在建设高水平理工科大学基层教学组织过程中，坚持共性与个性相统一的原则应做好以下两点。第一，遵循共性。毫无疑问，作为由学科组成的基层教学组织，在职责、机构设置、体制机制等方面，中西方所有大学均有共性的地方。故在组织建设过程，应大力借鉴与学习西方国家先进的理念和经验。第二，重视和鼓励彰显个性。不同大学均处于不同的环境中，各国政治经济体制等差异性较大，因此各国大学均拥有自己的特色。在习近平总书记“扎根中国大地，创建世界一流大学”思想的指导下，高水平理工科大学同样应遵循这一点。同时，高水平理工科大学基于自身的学科特色，更要重视个性。在建设基层教学组织过程中，应扎根所在区域，以特色和个性提升办学水平。

（四）学科逻辑与问题逻辑相统一

学科逻辑与问题逻辑相统一是新农科背景下基层教学组织建设的关键原则。大学在发展过程中，一般要处理和协调好学科逻辑和问题逻辑两种逻辑的关系。所谓学科逻辑，是指基于学科自身的特点，进行组织机构的设置及教学等活动的开展。学科逻辑一般与学科的分化密切相关，这种逻辑的优势是可以对某个学科的知识进行更深层次的探索，从而增加知识总量；缺陷则表现为学科的过度分化可能带来一些消极影响，且具有较大的封闭性。问题逻辑则与学科逻辑相反，以社会需求或问题为基本导向，以问题的处理和解决为主要目的，强调学科交叉与融合，具有较强的社会适应力。这种逻辑的缺陷不利于知识纵向的积累和发展。纵观大学发展，学科逻辑和问题逻辑交替进行。总的来说，自中世纪产生大学以来，大学遵循严格的学科逻辑，并在学科不断分化的过程中，规模日趋增大。为了解决学科逻辑导致的问题，大学逐步采用问题逻辑，主要表现为大学除了传统的院系建制外，中心、组等具有跨学科特征的组织形式越来越多地出现。故在推进高新农科建设过程中，应从以下两方面落实学科逻辑和问题逻辑。第一，坚持一定程度的学科逻辑。学科对知识的纵向深入发展有重要的作用，由于大学肩负基础知识生产的重任，因此在基层教学组织的建设中，需要坚持一定程度的学科逻辑，从而不断推进知识尤其是基础知识生产的深化。第二，不断加强问题逻辑。当前，在新兴工业革命蓬勃发展的过程中，社会日趋复杂，社会问题不断增多，已无法依靠单一的学科来解决。因此，为了支撑和服务国家创新驱动发展战略，提升高水平理工科大学服务国家和区域发展的能力，需高度重视学科的交叉与融合，遵循问题或社会需求逻辑。如在组织机构的设置上，基层教学组织应该以问题为导向，实行灵活性较高的项目制，设立由不同学科组成的研究中心、组、论坛等多元组织机构。

三、新农科人才培养基层教学组织建设模式

在基层教学组织建设方面，浙江大学走在了前列。在20世纪80年代，中国大学基层学术组织机构改革期间，浙江大学率先将教研组改为研究所，形成了“系办教学、所管科研、系所并存”的整体基层学术组织架构，大大促进了浙江大学的发展。然而，实际上日常教学工作可根据各院系的实际情况和学科特点不同而有所区别，有的由系负责，有的挂靠在研究所，还有的教研室处于名存实亡的状态。无论哪一种情况，教学研究与改革基本属于教师的个人行为，围绕教学研究与改革的集体活动很少，在一定程度上限制了基层教学组织职能的发挥。

为进一步完善浙江大学教学管理体制，落实教育教学主体责任，调动教师教育、教学积极性，形成良好教学文化氛围，提升本科教育、教学质量，2012年9月浙江大学启动第一批基层教学组织试点申报，设立13个基层教学组织。2013年10月启动第二批试点申报，新设35个基层教学组织。在前期试点工作基础上，依据《浙江大学基层教学组织管理办法》，2014年5月启动第一轮全校各学院（系）基层教学组织建设方案报备工作，基层教学组织建设全面展开。截至2014年底，报备设立190个基层教学组织，其中专业类100个，课程类82个，实验类8个，形成纵横交错的基层教学组织布局。2017年3月启动第二轮全校各学院（系）基层教学组织申报备案工作，保持基层教学组织持续动态建设。

浙江大学基层教学组织建设是新农科人才培养基层教学组织创新与实践的先进案例，其在学校教育、教学发展战略目标的引领和指导下，围绕本科人才培养目标要求，由学校设立的教研组（室）、教研中心等推进学校教学运行、教学研究与教学改革，是促进教师教学成长与发展的教学学术机构。学校建立以课程（群）或专业或实验中心为单元的基层教学组织，鼓励教师跨学科、跨院系交叉设立课程，明确教学组织在课程规划、培养方案修订、教学过程管理和教师培养方面的职责。目前190个基层教学组织基本以教研中心命名，在学

院（系）教学指导委员会的学术领导下，由学院（系）根据实际情况，设计基层教学组织的整体框架，支持和指导教师开展教学发展活动，形成既能有效利用学院（系）的教学管理职能又能充分发挥优质教学资源优势的教学组织发展网络。网络基本覆盖全校每位从事教学的教师，为教师开展教学发展提供专业指导、同行交流和教学创新空间，充分激发教师从事教学工作和教学学术研究的内在驱动力。

四、基层教学组织的管理

（一）明确院系的主体责任

随着我国高等教育的大众化、国际化，复杂的大学治理环境对高校管理体制提出了新的挑战。实行校院两级管理，推进管理重心下移既是我国大学建立现代大学制度的需要，也是理顺大学内部管理机制、实现内涵发展的需要。以浙江大学为例，“明确院系教育、教学主体责任，推动教育、教学工作重心下移”是浙江大学第三次教育、教学大讨论的重要共识之一。《浙江大学关于进一步深化教育教学改革的若干意见》亦清晰规定“明确学院（系）是教育、教学的责任主体，院长（系主任）是教育、教学的第一责任人。学院（系）应组建多种形式的教学学术组织和基层教学组织，充分发挥各自在教学运作及相关教学环节中的作用。”

教学重心下移，对教学的管理也提出了相应的要求，那就是加强院系主体责任，以确保教学的方向性、科学性与教学的质量。仍以浙江大学为例，浙江大学基层教学组织的业务主管部门为本科生院，负责基层教学组织的设立原则、进入与退出机制、激励与考核制度建设等总体统筹与规划，具体工作则由各学院（系）归口管理，负责其基层教学组织的整体框架设计、内部制度建设、年度考核落实等。经过近 5 年的运行，实践证明学院（系）的积极性、主动性是大学基层教学组织建设取得成效的关键因素。当然各高校可以根据自身的具体情况，做出相应的调整，以更适合各高校自身发展的需要。

（二）营造尊重教师、尊重教学、尊重教学研究的重教氛围

大学总有一天要回归教学，这既是大学的基础使命，也是大学的核心使命。虽然在“重科研轻教学”的现实背景下，短期内根本扭转这一现象有一定难度，但高校应根据本校实际情况，积极构建激励教师教学改革与研究的评价制度，以体现学校对教学与教学研究的尊重和对教学工作这一核心使命的足够重视。只有教学研究及成果的价值能够在教师评价体系中被认可，教师热爱教学、探索教学改革、深入开展教学研究的激情才能迸发，才会有利于教师教学研究能力不断提升和教学实践精神的培育。

（三）联动基层教学组织与教师教学发展中心

随着《国家中长期教育改革和发展规划纲要（2010—2020 年）》的颁布，我国教师发展逐步从学术研究中的理论辩争上升为国家的顶层设计，并进入组织机构的规范化发展阶段。2012 年教育部批准建立 30 个国家级教师教学发展示范中心后，我国高校教师发展中心如雨后春笋般成立和成长起来，教师发展理念开始进入全面实践发展阶段。高校教师教学发展中心本质是服务于教师的支持性机构，服务对象既是个体教师，更是教师所在的基层教学组织。正如日本学者有本章所说，“在大学组织中居于上位的学校、中位的学院和下位的系所科室中，教师发展的主要据点是在下位。”然而，我国高校教师教学发展中心还处于起步和建设阶段，校级教师教学发展中心不可能承担全校的教师发展工作，必须构建院系二级教师教学发展网络。也正因此，教育部在《关于全面提高高等教育质量的若干意见》中明确提出，既要“推动高校普遍建立教师教学发展中心”，更要“完善教研室、教学团队、课程组等基层教学组织”。有学者把教师教学发展中心比喻为一个具有很多车条的车轮交换机，来自国家、高校管理层、院系、教师和学生的各种信息流，会通过车条不断进入中心交换机。教师教学发展中心掌握着国家在教学改善方面的动态信息和政策计划，也掌握着院系、教师的教学信息。持续推进基层教学组织建设理应充分利用教师教学发展中心的资源，及时掌握来自国家层面的政策、信息，积极争取国家的相关计划支持和诸如教学成果奖等奖励。

（四）建构柔性激励与评估考核相结合的目标管理机制

完善有效的管理机制是激发基层教学组织活力的关键，是以目标为基础或以目标为指导的一种管理体系，其本质和内涵在于共同目标和责任管理是起点，自我管理、参与式管理及信息反馈是手段和途径，成就管理则是核心和终极目标，其精髓是一种成就激励。

总之，基层教学组织是提高新农科人才培养质量的有效抓手，对于强化立德树人可以起到非常重要的作用，对于推进教学、学术进步可以发挥非常有效的作用，对于营造重教氛围可以产生非常积极的作用。然而，新农科人才培养基层教学组织的建设是一个长期的过程，高校应当在目前基层教学组织的基础上，加大新农科人才培养基层教学组织的建设，使其在新形势下更好地发挥作用。在教学相对难以量化、人才培养总体处于弱势、教学内生动力相对不足的情况下，如何从重建基层教学组织走向活化基层教学组织，需要我们持续探索。

第八章

新农科人才培养的课程体系建设

第一节　课程体系概述

一、课程的概念及其含义

“课程”一词在我国始见于唐宋年间。唐朝孔颖达为《诗经·小雅·巧言》中“奕奕寝庙，君子作之”作疏：“维护课程，必君子监之，乃依法制。”这里课程的含义与我们今天所用之意相去甚远。宋代朱熹在《朱子全书·论学》中多次提及课程，如“宽着期限，紧着课程”“小立课程，大作工夫”等。虽然朱熹对课程没有明确界定，但含义是很清楚的，即指功课及其进程。这里的“课程”仅仅指学习内容的安排次序和规定，没有涉及教学方面的要求，因此称为“学程”更为准确。到了近代，由于班级授课制的施行、赫尔巴特学派“五段教学法”的引入，人们开始关注教学的程序及设计，于是课程的含义从“学程”变成了“教程”。

最常见的课程定义是“学习的进程”，简称学程。这一解释在各种英文词典中很普遍，英国牛津词典、美国韦伯词典、《国际教育词典》都是这样解释的。但这种解释在当今的课程文献中受到越来越多的质疑。打拉语中“Currere”一词的名词形式意为“跑道”，因此课程就是为不同学生设计的不同轨道，从而引出了一种传统的课程体系；而“Currere”的动词形式是指“奔跑”，这样理解课程的着眼点就会放在个体认识的独特性和经验的自我建构上，就会得出一种完全不同的课程理论和实践。

我国学者施良方先生把课程定义为学校学生所应学习的学科总和及其进程与安排。课程是对教育的目标、教学内容、教学活动方式的规划和设计，是教学计划、教学大纲等诸多方面实施过程的总和。课程是以实现各级各类教育目标而规定的学科及它的目的、内容、范围与进程的总和，它包括学校老师所教授的各门学科和有目的、有计划的教育活动。从这一定义出发，课程包含以下几个特点：①课程体系是以科学逻辑组织的；②课程是社会选择和社会意志的体现；③课程是既定的、先验的、静态的；④课程是外在于学习者的，并且是凌驾于学习者之上的。

二、课程的分类

（一）从内容来看，课程即教材、课程即活动

课程内容在传统上历来被作为要学生习得的知识来对待，重点放在向学生传递知识这一基点上，而知识的传递是以教材为依据的。教材以知识体系为基点，认为课程内容就是学生要学习的知识，而知识的载体就是教材。所以，课程内容被理所当然地认为是上课所用的教材。这是一种以学科为中心的教育目的观的体现。

（二）从形式来看，可以分为分科课程与活动课程

分科课程也称文化课程，是一种主张以学科为中心来编定的课程。主张课程要分科设置，分别从相应科学领域中选取知识，根据教育教学需要分科编排课程，进行教学。学科课程的理论主要有结构主义课程论、范例方式课程论、发展主义课程论。

1. 结构主义课程论

首先，结构主义课程论主张课程内容以各门学科的基本结构为中心，学科的基本结构是由科学知识的基本概念、基本原理构成的。其次，在课程设计上，主张根据儿童智力发展阶段的特点安排学科的基本结构。最后，提倡发现学习法，体现了很强的时代精神，对当前学校教育仍具有很强的现实意义，但存在一定的不足。如片面强调内容的学术性，致使教学内容过于抽象；将学生定位太高，好像要把每一个学生都培养成这门学科的专家；同时在处理知识、技能和智力的关系上也不很成功。

2. 范例方式课程论

范例方式课程论强调课程的基本性、基础性、范例性，主张应教给学生基本知识、基本概念和基本科学规律，教学内容应适合学生智力发展水平和已有的生活经验，教材应精选具有典型性和范例性的内容。特色在于：其一，以范例性的知识结构理论进行取材，其内容既精练又具体，易于举一反三，触类旁通；其二，理论同实际自然地结合；其三，能解决实际问题的内容都是综合的，不是单一的；其四，范例教学能更典型、更具体、更实际地培养学生分析问题和解决问题的能力。

3. 发展主义课程论

发展主义课程论把智力、情感、意志、品质、性格的发展作为其课程论的出发点和归宿。主要观点：第一，课程内容应有必要的难度；第二，要重视理论知识在教材中的作用，把规律性的知识教给学生；第三，课程的进行要有必

要的速度；第四，教材的组织要能使学生理解学习过程，即让学生掌握知识之间的相互联系，成为自觉的学习者；第五，课程教材要面向全体学生，特别要促进学习成绩不好的学生的发展。

活动课程与分科课程相对论，是打破学科逻辑组织的界限，以学生的兴趣、需要和能力为基础，通过学生自己组织的一系列活动而实施的课程，它也常常被称为“儿童中心课程”“经验课程”等。

分科课程与活动课程是学校教育中的两种基本的课程类型，两者之间是一种相互补充而非相互替代的关系。分科课程将科学知识加以系统组织，使教材依一定的逻辑顺序排列，以便学生在学习中可以掌握一定的基础知识、基本技能。但是，它由于分科过细，只关注学科的逻辑体系，容易脱离学生生活实际，不易调动学生学习的积极性。而活动课程则可以在一定程度上补救这一缺失，但由于活动课程自身往往依学生兴趣、需要而定，缺乏严格的计划，不易使学生系统掌握科学知识。一正一反，利弊兼具，所以，这两类课程在学校教育中都是不可或缺的。

（三）从生活需要来看，分为核心课程与外围课程

核心课程理论反对将各门学科进行切分的做法，强调在若干科目中选择若干重要的学科合并起来，构成一个范围广阔的科目，规定为每一学生所必修，同时尽量使其他学科与之配合。核心课程理论在一定程度上也可被看作是对“儿童中心课程”理论的反对，它在产生之初，尤其反对课程只从学生个人兴趣、需要动机出发的做法。它提醒教育者注意，儿童并非生活在真空里，而是在一个特定的时间、地点和特定的社会环境里成长的，课程需要反映儿童所赖以生活的社会的需求。因此，核心课程理论在产生之初，其显要特征就是注重社会需求、以生活为中心。后来，核心课程理论在立场上稍有改变，其实也吸纳了活动课程理论的一些观点。核心课程理论产生于 20 世纪 20—30 年代的社会动荡时期，改造主义在其中的作用功不可没。改造主义自称是“危机时代的哲学”，宣称社会文明已面临着毁灭的可能，必须改造社会使人们能够共同生活。这种改造不只是通过政治行动，更基本的是通过对社会成员的教育实现人们共同生活的目标。因此，在他们看来，教育必须专心致志于创造一种新的社会秩序，必须在人们的心灵中引起一场意义深远的变革。于是他们倡导一种“以未来为中心”的教育纲领，其目的是通过说服而不是强制的办法来实现“社会改造”，以“社会改造”为核心来构建核心课程，打破原有分科课程的界限。有些人认为，核心课程理论的真正特点是注重社会需要及以生活为中心。核心课程理论除了把学科综合并构成一个“核心”之外，它还有另一显著特征，即这种课程是要每个学生都要掌握的，是需要所有学生共同学习的。这样就产生了一些问题：一是社会生活的需要是多种多样的，哪部分课程需纳入

"核心课程"；二是随着新学科的不断涌现，这些学科的拥护者都极力希望新学科纳入核心课程中来，并且有的学科也的确需要在核心课程中得到反映。这就又使得课程选择与设计中的古老问题——时间和可利用资源之间的矛盾被反映出来。在这种情况下，如同分科课程自身的缺失造就了活动课程一样，与核心课程互补的外围课程也就应运而生了。外围课程指核心课程以外的课程。它是为不同的学习对象准备的，它不同于照顾大多数学生、面向所有学生的核心课程，而是以学生存在的差异为出发点，它也不像核心课程那样稳定，而是随着环境条件的改变、年代的不同及其他差异而作出相应的变化。核心课程与外围课程的差异，如同一般与特殊、抽象与具体的一样，是相辅相成的。

（四）从课程开发的主体来看，可以将课程分为国家课程、地方课程与校本课程

国家课程亦称"国家统一课程"，它是自上而下由中央政府负责编制、实施和评价的课程。校本课程是由学校全体教师、部分教师或个别教师编制、实施和评价的课程。地方课程介于国家课程与校本课程之间，指由国家授权，地方根据自身发展需要开发的课程。

就国家课程来说，体现的形式是不一样的。在澳大利亚、美国等实施教育地方分权的国家，国家课程是由各州政府负责编制、实施和评价的。通常，学校教师在国家课程的编制和评价方面没有或者几乎没有什么发言权或自主权，但他们必须成为国家课程的实施者。在实施国家课程的过程中，学生往往需要参加国家统一考试。

校本课程是相对国家课程而言的，它是一个比较笼统的和宽泛的概念，并不局限于本校教师编制的课程，可能还包括其他学校教师编制的课程或校际教师合作编制的课程，甚至包括某些地区学校教师合作编制的课程。与国家课程相比，在校本课程的开发过程中，课程编制、课程实施和课程评价呈"三位一体"的态势，形成统一的三个阶段，并由同一批教师负责承担。

一般来说，中央集权的国家比较强调课程的统一性，较多地方推广国家课程，而地方分权的国家比较强调课程的多样性，较多地方推广地方课程、校本课程。越来越多的国家政府已经认识到，虽然国家课程与地方课程、校本课程是不同的课程形式，但它们之间是相辅相成、互为补充的关系。在推广国家课程的同时，应该允许开发一定比例的地方课程、校本课程，而推行地方课程、校本课程的学校，也不应该贬低或排斥国家课程。

（五）从呈现方式来看，可分为显性课程与隐性课程

显性课程是学校情境中以直接的、明显的方式呈现的课程，是教育者直接地表现出来的，如课程表中的学科。

隐性课程包括除上述课程之外的一切有利于学生发展的资源、环境、学校

的文化建设、家校社会一体化等。隐性课程的特点主要有：第一，隐性课程的影响具有弥散性、普遍性和持久性；第二，隐性课程的影响既可能是积极的，也可能是消极的；第三，隐性课程的影响是学术性与非学术性的统一；第四，隐性课程对学生的影响是有意识性与无意识性的辩证统一；第五，隐性课程是非预期性与可预期性的统一；第六，隐性课程存在于学校、家庭和社会教育中。正是由于隐性课程具有以上特点，要求在隐性课程的实施过程中，注意优化学校整体育人环境、重视学习过程、塑造与完善学生的人格结构。

隐性课程与显性课程有三方面的区别：一是在学生学习的结果上，学生在隐性课程中得到的主要是非学术性知识，而在显性课程中获得的主要是学术性知识；二是在计划性上，隐性课程是无计划的学习活动，学生在学习过程中大多是无意接手隐含于其中的经验的，而显性课程则是有计划、有组织的学习活动，学生有意参与的成分很大；三是在学习环境上，隐性课程是在学校的自然环境和社会环境中进行的，而显性课程则主要是通过课程教学来进行的。

（六）从功能来看，可分为基础性课程、拓展性课程和研究型课程

国内外其他学者还提出了一些其他分类标准如理想的课程、书面的课程、解释的课程、实施的课程、评价的课程等。其中研究型课程有以下几个特点：

研究型课程在目标上的特点表现为目标的开放性，课程目标不仅指向某种知识内容，而且指向各种知识的综合探究过程，学生所发展的探究意识、探究精神和探究能力，指向学生对各种知识的综合探究过程的情感体验。这些目标指向在不同的课题探究过程中，有不同的侧重，除探究能力和探究精神外，学生在探究过程中所达到的知识目标是开放的。

研究型课程在内容上呈现出综合、开放、弹性大的特点。其中综合性与弹性是体现其生命力的重要因素。此类课程的内容弹性非常强，在保证一定的学习量的前提下，不同地区、不同学校、不同班级，甚至不同的学习小组，都可以选择不同的内容和主题。

研究型课程以开展合作性的、综合探究型的课题活动为主要学习方式，在实施过程中，教师在组织形式的选择上应体现出合作性与独立性相结合的特点。学生的探究过程既有个体的活动，也有学习者之间的合作和交流。因此，在课程的组织形式上，既有体现独立性的个体活动的过程，也有体现合作的小组活动的过程、体现集体性的全班交流活动的过程。特别是在某一个课题的探究过程中，这几种形式都会出现。

研究型课程作为一种开放性的课程，为校本课程的开发提供了很好的契机，使校本课程的开发有了一定的载体。各个学校可以根据“以学习者、以社会发展中心”的原则，开发适合学校实际教育条件和具体特点的课程。在研究课程中，课程的设计者除课程方面的专家、专门的课程设计者、教育行政部门人员之外，还包括学校和教师，这是研究型课程的一个最典型的特点。

三、课程的功能与作用

（一）课程的功能

1. 教育教学活动的基本依据。

2. 实现学校教育目标的基本保证。

3. 学校一切教学活动的中介。

4. 为学校进行管理与评价提供标准。

5. 教师教和学生学的依据，是师生联系和交往的纽带。

6. 国家检查和监督学校教学工作的依据。

7. 实现教育目的、培养全面发展的人才的保证。

（二）课程的作用

1. 课程是学校培养人才蓝图的具体表现。

2. 课程是教师从事教育活动的基本依据。

3. 课程是学生吸取知识的主要来源。

4. 合理的课程设置对学生的全面发展起着决定作用。

5. 课程是评估教学质量的主要依据和标准。

四、课程体系

课程体系是指同一专业不同课程门类按照门类顺序排列，是教学内容和进程的总和，课程门类排列顺序决定了学生通过学习将获得怎样的知识结构。课程体系是育人活动的指导思想，是培养目标的具体化和依托，它规定了对培养目标实施的规划方案。课程体系主要由特定的课程观、课程目标、课程内容、课程结构和课程活动方式组成，其中课程观起着主导作用。

课程体系是学校人才培养目标与培养规格的具体化，应全面体现我国高校人才培养的总目标。即：培养适应21世纪科学技术、经济、社会发展需要的，德、智、体全面发展的，基础扎实、知识面宽、能力强、素质高的，富有创新精神的高级专门人才。高等学校的课程体系主要反映在以下比例关系上：

（一）普通课程、专业课程、职业课程以及跨学科课程

普通课程包括政治课、外语课、体育课、军训课等，也叫基础课程或通识课程，是任何专业的学生都必须学习的，虽然与专业没有直接的关系，却是今后进一步学习的基础，也是全面培养人才所必需的课程。

专业课程是集中体现某一专业特点的课程，又可分为专业基础课程和专用应用课程。前者是学习某一学科或某一专业的基础理论、基本知识和基本技能

训练课程，而后者则带有较明显的职业倾向。

跨学科课程是建立在其他课程学习基础之上的，以促进学生在高等专业化基础之上的高度综合，不至于学习专业课程以后株守一隅，而能横跨几科，融会贯通。

（二）必修课程与选修课程

必修课程是学习某一专业必须掌握的基础知识和技能，以保证所培养人才的基本规格和质量。选修课程则可以比较迅速地把科学技术的新成就、新课题反映到教学中来，有利于学生扩大知识面，活跃学术空气，也可以把不同专业方向及侧重的课题内容提供给不同需要的学生，以增加教学计划的灵活性。

（三）理论性课程和实践性课程

理论性课程是指加强基础理论知识的课程，它可以通过间接的方式帮助学生掌握本专业所需的基础理论。实践性课程是指加强基本技能训练的课程，例如理、工、农、医的各专业要搞好实验、实习、计算机应用、绘图和某些必要的工艺及有关现代技术的训练；师范专业要加强教学实习；文科专业要搞好阅读、写作、资料收集、调查研究和使用工具书的训练等。

（四）大、中、小课程

提倡课程的小型化，可以在不增加总课时的前提下，压缩教学内容，削减教学时数，可相应地增加课程的门数。同时，教师应积极开发 30 学时以下的微型课，及时将学科发展前沿的信息以及教师自己从事科研的成果转变为教学内容，这也有利于拓宽学生的知识面。

（五）显性课程和隐性课程

显性课程是指明确的、事先编制的课程，也称常规课程或正式课程。隐性课程的主要目标与学生的学习有关，也与学校所强调的品质以及社会品质有关，学校的组织方式、人际关系等社会学、文化人类学、社会心理学的因素对于学生的态度和价值观的形成具有强有力的持续影响。这是因为学校是一种特殊的环境，生活在其中的学生负有相互支持、关心和尊重的责任。学校的学习不可能是学生的单个学习，它是集体的活动。在这种集体活动中，有时要强调控制、等级、竞争，有时要强调鼓励、平等、互助。各个学校还有各自所强调的主要品质。

第二节　新农科人才培养课程体系建设的原则

一、新农科人才培养课程体系建设的目标

新农科人才培养课程体系改革的目标是以新农科建设需求、学生个性发展

为目标，以适应新农科和学生发展为重点，进行知识系统的重组与整合，形成知识逻辑和问题创新相结合的创新课程体系。优化的课程体系有利于学生创造精神和创新能力的培育，有利于学生自学能力的增强，有利于学生人格品质的塑造，有利于学生实践能力的提高，有利于学生个性的发展。

二、新农科人才培养课程体系建设的原则

第一，从传授型课程向创造型课程转变的原则。传统的农科高等教育中，课程传授“有用”的知识、技能及行为规范，学生只是处于被动接受知识的地位，在一定程度上扼杀了学生的个性及创造性思维的发展。在新农科建设时代，创造性的构想及技术更新构成了经济发展的主要推动力量，以培养学生创新意识与能力为宗旨的创造型课程必将成为学校课程改革的方向。创造型课程与传授型课程的主要区别在于课程的出发点及学习者的心理水平不同。创造型课程将学生的学习由感知、记忆水平提高到想象、思维高度。主要特征是学生在课业学习过程中着重创新意识、态度及创造性地解决问题的能力的培养。

第二，从专业化课程向综合化课程转变的原则。现代社会，各行各业之间的联系越来越密切，局限于某一狭窄专业难以适应现代社会。创新往往产生于各专业之间的交叉处。因此，教授综合型课程是现代科学向协同化和综合化发展的必然结果。通过教授综合课程，有助于给学生提供完整的知识结构，可以消除课程繁多、学生负担过重的现象，有助于应付知识的激增，有利于学生的学习和个性的发展。

第三，从单一化课程向多样化课程转变的原则。传统的课程强调整齐划一，同一专业的学生都修习同样的课程，结果造成人才培养的单一化。单一化的课程阻碍了学生个性的发展及其创造力的发展。要培养学生的个性，就应尽可能开设较多的课程，除必修课外，要使选修课模块化，保证学生具有合理的知识结构。这样既可保证学生形成比较系统、完整的知识结构，又可以满足学生个性发展的需求。

三、新农科人才培养课程体系建设的措施

第一，课程弹性结构的建构。课程的设置根据专业的学科知识体系和学生应具备的素质需要而建构。要以培养学生的基本素质、发展学生的创新思维和创新能力，引导学生学会学习、学会思索，使学生能够运用所学发现和解决实际问题为目标，并围绕该目标设置课程。课程计划要改变传统的单一僵化的模式，允许学生根据自己的特点和志趣，在教师的指导下确定自己的发展方向和课程计划。要注意增加选修课程的比重，开设微型课程，以利于课程体系的灵活调整。为保证教学内容的整体性，避免课程结构的松散和学生知识结构的不

完整，要注意课程之间纵向的相互衔接和横向的相互联合。要改变课程体系僵化和固定不变的局面，开设新兴课程，淘汰已陈旧落后的内容，建构弹性的课程结构。

第二，课程教学内容的改革。在课程内容的选择和组织上，要尽量避免过分追求学科知识体系的系统化和完整性，改变把知识传授作为课程教学重点的做法。在培养学生科学思维和创新思维的基础上，要让学生掌握学科的理论框架和逻辑框架。注重理论与实际相结合，将理论教学、实际案例和课程实验、课程设计有机地结合起来，在传授知识的基础上注意对学生思维方式和创新思维能力的培养。

第三，课程综合发展的改革。在课程体系的设置上，要强调科学本身的综合性和整体性，打破学科与学科之间的界限，突破传统的学科知识结构体系，将相近的学科知识内容进行重组构建，形成新的创新课程体系。突出科学本身的整体性，为学生提供超越某一学科或领域局限的思维模式，使学生形成整合的视野和价值观。但不宜过分追求课程的综合化，综合课程应是建立在分科课程基础之上的，它不可能完全取代分科教学。学科课程与综合课程互为补充，是相辅相成的关系。综合化课程一般采取两种形式，一种是将有内在联系的不同学科的内容整合在一起而形成一门新的学科，叫作融合课程，如科学与人文的融合；另一种是合并数门相邻学科的内容形成的综合性课程，叫作广域课程。

第四，课程教学手段的改革。改革传统的以学科知识体系为线索、以教师讲授为主的灌输式的单一教学形式。课程的组织可以以讲授、专题研究与讨论、案例教学、课程设计以及利用 CAI 课件或其他工具进行自学等多种教学方式进行。教学的重心要从知识的传授转向思维方式的培养，引导学生实现知识的迁移与内化。训练学生利用文献和在互联网上查阅资料，进行学习和科学研究，以培养学生掌握学习的方法，学会学习。在教学手段上要尽量鼓励采用先进的工具，这既能提高课堂教学的信息量和教学效果，又可以让学生熟悉和掌握使用先进的信息技术与工具，学会搜集、整理、运用信息的方法和手段。同时，开设现代教育技术、多媒体技术、远程教育等课程，通过现代化教学手段的广泛应用，进一步促进创新课程改革的深入进行。

第五，课程实践环节的改革。课程实践环节是创新课程体系中一个重要的组成部分，实验、课程设计、实习等实践环节要发挥其应有的作用，要得到切实加强。实践环节不只是验证所学，更重要的是对学生科研能力的培养。要把科研活动引入教学之中，鼓励学生尽早参与科学研究，鼓励学生自主确立研究方向，带着问题思考、学习、查找资料、进行调查研究和科学实验，把获取知识、活跃思维、提高实践能力统一起来。促进学生的学习能力、思维能力、科研能力、实际操作能力和团结合作精神的提高。

四、新农科课程体系建设应处理好的几个关系

第一，专业教育与通识教育的关系。专业是社会分工的结果，在一定的历史时期及今后相当长的时间内仍然为提高劳动生产率起着相当重要的作用，但随着知识的进一步分化与增长，无论是基础理论的突破还是技术的革新，都凸显出横向知识联结的重要性，目前我国部分高校已经在这个方面进行了一定的探索，今后还要继续完善这一思路。其基本的思路一方面是打破学科间的壁垒，促进学科知识与学术思想的融合；另一方面是通过教师专业教学与学生自由阅读相结合，从而产生新的思想火花。

第二，共性与个性的关系。一门学科体系是若干门学科的共同体，在这里共性有两方面的含义，一是不同涉农高校对新农科课程体系建设的共同之处，包括学科门类的设置，实验室仪器、师资力量的基本要求等相同的地方；二是基本知识体系的共同之处。个性是指不同高校的独特之处，主要是指一个高校的专业特色。此外，共性与个性也指学科的共性与师生的个性。前者是指知识体系，后者指的是人。从学校的角度来讲，一方面要加强共性的建设，另一方面则是促进学校特色的发展，尤其是促进师生的专业发展。

第三，理论与实践的关系。在理论与实践的关系上，我国高校历来有重理论教学轻实践锻炼的倾向，而理论本来源于实践，实践又是检验理论的唯一标准。因此我们对实践教学重视程度还需要加强，从而在理论教学与实践教学上实现合理安排。

第四，课内与课外的关系。长期以来，我国高校在教学安排上重课内、轻课外，课内总学时安排偏高，使得相当一部分学生处于一种被动应付的局面。

第五，专业定向与分流培养的关系。过早的专业定向以及相应的课程设置，使得学生的专业面过窄，同时要实现专业间的流动难度极大。

第三节　新农科人才培养课程体系的建设

一、新农科人才培养课程体系建设的关键点

新农科人才培养课程体系的关键点就在于课程体系的创新，因此基层教学单位的工作重心就是基于院系与学生的契合点，对教学构架进行深入改造，注重领域前沿变化和院系学科相结合。对课程体系进行多视角、多维度布局和修缮，力求建立多方位、多层次、多政策的教育体系，从而实现课程体系的创新与人才培养规格与质量的提高，进而形成一个学校的课程特色。

（一）课程体系的改革

根据新农科中各涉农专业所涉及的前沿知识，制定多向的培养计划，学生可根据自己的特点与喜好自由选择课程。在教授涉农相关基础课程的基础上，可调整教学大纲，将一些“物联网与智慧农业”“农业信息学”“休闲农业”“农业经济管理”“电子商务”等复合应用型及创新型课程加入到教学系统中。以上课程的开设对于学生创新能力的培养起到很好的支撑作用。

（二）提供完善的创新教育基础设施建设

建立新型实操体验馆，例如农业数字化设施的完整性直接影响学生对智慧农业相关领域的体验感，完备的基础设施能够有效地反馈学生上手实操的体验。加大云平台在农业领域的应用，让学生对传统农业形成新的认知，让学生清楚地了解农业未来的发展方向是不仅能够“下得厨房”，更能够“上得厅堂”。

（三）加强创新型师资队伍建立

新农科课程体系的创新与人才培养离不开具有创新意识的教师团队。针对创新型教师缺乏的问题，可根据学院能力，在现有的人才引进制度上做一些改变，引进相关创新型教师，并给予一定的政策支持；也可对现有师资结构进行划分，选取一部分年轻且思维活跃的教师进行创新教育的培养。同时鼓励教师外出学习，在走入课堂的同时，也要迈入时局的前沿，开拓新的视野，为创新教育提供底层教育基础。多带领学生参加各个高校举办的学术论坛和成果展示，并邀请相关领域的资深教授来院系与学生进行面对面的交流。

二、新农科人才培养课程体系建设的案例——河南科技大学

（一）建设“双师型”师资队伍

当前，多数教师虽然理论基础较好，但是生产实践经验、技术应用基础、经营管理能力不足，不具备“双师型”教师素质。学院通过多种形式培养了一支实践经验丰富、动手能力强的教师队伍。第一，青年教师通过老教师的培养指导，学习实践技能；第二，教师到教学实践基地、相关企业、管理部门等单位接受实践锻炼；第三，教师通过与资源丰富的教学科研单位合作，将项目优势融入教学中，提高自身教学实践与技术服务水平；第四，重视学术培养，引导教师积极参加国内外学术会议，密切关注本领域学术动态，不断拓展学术视野；第五，面向社会行政部门、工业企业和社会团体，聘请一批高技术人才作为校内兼职教师，并对专业实践课程进行指导。

（二）完善多学科交叉的课程体系

为农村产业发展、乡村振兴和农业农村现代化建设提供人才支持是新农科

建的重要目标，这就要求农林院校的毕业生必须掌握农业全产业链的相关知识。因此，在新农科建设过程中，加强了农学专业与其他专业间的交叉融合。面向新农科的课程体系融合了相关学科专业课程内容，增设通识教育课程和现代农业技术课程，提高了人才培养质量。通识教育阶段增加人文素养类、多学科交叉类课程模块，增设农艺农机融合理论、生态农业、信息技术、功能农业、有机农业、智慧农业的知识模块；分类培养阶段设置岗位实践模块，科研型学生由科研导师一对一地进行前沿理论和实验技术培训，管理型学生到乡村挂职实习锻炼，经营型学生到涉农经营公司、农业经营主体参与实践，创业型学生到多样化的创业教育空间和创新基地接受培训指导。在教学内容方面，重视通识教育、产业思维教育，增加涉农学科专业知识融合、农—非农学科知识融合、产业技术与学科理论融合等相关内容。组织教师编著案例集，聘请农业企业、新型农业经营主体等涉农行业优秀人员开设专题讲座或担任合作讲师，将理论与实践相结合，教学与生产相结合，培养学生应对实际问题时的分析能力与解决能力。

（三）打造产教融合的实践平台

为适应新农科人才培养要求，创建了课外培训品牌项目——“农创书院”。“农创书院”依托校内外优秀的人才资源和良好的科研平台，构建并运行“学院—企业—农业产业”人才培养机制。成立了“创业辅导团”“创业导师团”“创业朋辈团”，并建立了教育教学、科技创新和社会服务三大实践平台。经过系统建设，“农创书院”已打造成为学院新农科人才培养的一项特色品牌。自“农创书院”成立以来，学院学生学习和参与各类竞赛的热情空前高涨。据统计，在各级各类竞赛和实践活动中，有近两千人次参加，有近200项作品参与校赛选拔，近100项作品获奖。参加“互联网＋”创新创业、“挑战杯”大学生创业和生命科学等各类竞赛的学生和获奖项目数量逐年增加。

（四）构建多元化实践教学模式

一是根据当地、周边地区及对口实习基地农作物生产的实际和农业生产特点，将教学内容与当地、周边地区和对口实习基地生产实际紧密结合，建立与生产实践相结合的实践教育模式。二是鼓励教师积极分享个人的科研经历及已取得的科研成就，切实将其融入教学实践中，使科研创新与实践教学有机结合，建立与科研创新相结合的实践教育模式。三是扎根乡村振兴土壤，在以农业产业为基础的产教融合平台上，积极推进实践教学项目化改革，建立与创新创业实践相结合的实践教育模式。

（五）推进实践教学项目化改革

积极探索产教融合育人模式，持续推进实践教学的项目化改革。学院与省内外多家企事业单位和科研院所建立了联合人才培养机制，已有50余名学生参与相关企业、科研院所合作项目，吸纳农学专业学生600余人次的实习实践活动。项目合作单位提供了更加丰富的实践教学资源，培养了学生动手能力，提高了专业实践技能。每年有近30个团队、200余名学生参与到科研项目中。两年来，有近20个项目获国家和省级奖项，特别是“薯道香”项目团队依托洛阳红薯产业协会，以推广甘薯脱毒快繁的技术为抓手，为洛阳市及其周边地区供应脱毒薯苗，并提供栽培技术指导，对当地甘薯产业发展做出了突出贡献。通过项目实践，促进创业创新教育和实践教学的深入融合，提高了人才培养质量，该项目在中国“互联网＋”大学生创新创业大赛中获铜奖。另有“荣世农友”和“小康‘薯’光”两个项目在另一届大赛中均获铜奖。

第九章

新农科人才培养的实践教学

第一节　概　　述

一、实践教学的理论基础、指导思想和培养目标

2019 年 6 月，在由教育部高等教育司指导、教育部新农科建设工作组主办的新农科建设安吉研讨会上，全国涉农高校凝聚形成了《安吉共识》，开启了新农科建设的新里程。以多学科深度融合为核心、以实践推动创新发展为第一要义的新农科要求高等农业院校在人才培养中既要注重多学科对农科的渗透，又要从广度和深度上加强人才所应掌握的现代农学及其相关技艺、技能的培养与训练。

当前，新农科建设对于农学专业人才提出了更高的要求，实践教学是其中不可缺少的一部分，如何改革实践教学的体系，使农学专业人才满足生产发展的需要，是一个重要的研究方向。现代高效农业的大力发展具有十分重要的作用，能够提高农村生产力水平，推动农村经济发展、增加农民收入、建设社会主义新农村，而这一切离不开农业专业人才。随着“三农”的不断发展，对于农业专业人才有了更高的要求：扎实的理论知识基础是一个农业专业人才所应具备的基础，除此之外，还应该具有较强的实践能力和丰富的创新能力。农科院校在这个过程中起着决定性的作用，分析目前实践教学中存在的问题，通过建立高效、规范、科学的教学实践体系，进一步提高学生的实践能力，培养满足现代农村发展所需的高质量、高标准农业专业人才。

实践教学是指围绕知识的应用和能力的拓展而开展的教学活动。该活动能够使学生对于本专业有更深的认识，在系统学习专业知识的基础之上，更为重要的是通过培养学生理论联系实际、实事求是的科学素养和独立分析解决问题的能力，让学生在实践中学以致用，培养学生对专业知识的综合应用能力，为将来开展工作打下基础。应该说，开展实践教学活动是促进学生全面发展的重要途径。

农科实践教学体系创新就是建立先进完整的农科实践教学体系，发展学生

的实践动手能力，促进高等教育农科人才培养目标的实现，适应农业经济社会的发展。其主要理论基础有以下三点。

1. 学生实践动手能力是通过体验过程和反复实践过程形成和发展的

农业科学是一门实践性很强的科学。农科学生实践动手能力形成和发展应经过自身的动手训练和反复实践，才能得到稳固。“能力是在人改造世界的实践活动中形成和发展起来的。劳动实践对各种特殊能力的发展起着重要的作用。学生通过动手训练，体验活动的开始、过程和结果，才能了解和掌握活动的内容、原理和本质，掌握实施活动所要求的技能。反复实践，就是学生实践—认识—实践—再认识的反复过程，使自己的实践动手能力从掌握到熟练，从形成到发展，这个过程，参与 1 次或 2 次是不够的，需要多次实践才能实现。

2. 创新农科实践教学体系是开放性体系

创新农科实践教学体系设置开放性活动。在开放性活动中，教师和学生都有自主选择的权利，可以按照实践教学目标要求，根据自身的兴趣和需要选择各种开放性实践活动的内容、时间和方式。开放性体系重视和发挥人的主体性。主体性是人在与客体相互作用过程中得到发展的自觉能动性和创造的特性。主体性是人性的精华。通过人的自觉实践活动，可以创造出丰富的物质文明和精神文明。学生要不断提高实践动手能力，要全力投入实践活动，而这些需要持久的兴趣、热情和投入。勤奋是获得成功的必由之路，要使能力获得较快和较大的增长，没有主观的勤奋努力是根本不可能的。一个人的能力发展与兴趣密切相关。当我们认识到某种事物或某种活动与我们的需要有密切关系以后，就会注意它、热情而耐心地对待它。而勤奋、兴趣和投入需要人的主体性发挥，就是教师和学生自身具有的内在发展要求产生动力，积极主动参与某一实践活动。因此，学生的实践动手能力要形成和充分发展，需要有开放的农科实践教学体系，它能够使人的主体性得到充分发挥，也能够使实践活动深入开展，使实践活动反复进行得以实现。

3. 创新农科实验教学体系是完整性体系

完整性主要是指农科实践教学活动内容与农业经济社会活动的内容相一致。农业经济社会生产活动是社会生活的内容。教育即是生活，教育即是社会。大学培养的学生是要走上社会工作和生活的，大学是为社会培养人才的。因此，实现这一目标，需要有完整的实践教学体系，它应包括实验教学、实习教学、专业科研训练、专业生产技能训练和实际生产经营管理训练，最重要的是专业科研和生产技能训练、实际生产经营管理训练，要使它的活动与农业经济社会活动内容相一致。具有完整的实践教学体系才不至于学校的实践教育脱离社会生活而变为不合实际，才能使学校农科人才培养适应农业经济社会发展。

二、新农科实践教学的指导思想

从社会发展要求和农科人才成长规律出发，加强教师的教学、科研和生产实践能力建设；加强传统实践教学环节，增加专业科研技能和生产技能训练，增加课外科技和生产活动，强化农科学生实践动手的能力培养。同时，创新实践教学管理机制，实施开放式实践教学，尊重教师学生的自主权，充分调动他们的主动性和积极性，促进农科学生实践能力和动手能力的发展。

三、新农科实践教学体系的培养目标

培养学生具有较强的实践动手能力，促进学生成为具有扎实的农业基础理论、基本知识，具备熟练的实验技能，具有初步科研能力，具备初步的生产技术，懂得生产经营管理的新农科复合型人才。学生通过在校的学习和实践训练，能够初步具备独立从事农业研究和生产的能力，成为满足农业经济社会要求的“即用人才”，或称“成品型人才”和“零适应期人才”，实现新农科人才培养和“三农”发展要求的紧密对接。

四、实践教学的现状及改革的必然性

农科类专业与其他的专业相比有一定的不同，是一类实践性较强的专业，在改革优化传统的实践教学之前，了解、分析目前实践教学的优缺点也是十分重要的。通过调查发现，目前的实践教学存在以下几点问题。

(一) 重理论教学，轻实践教学

在传统教育观念的影响下，目前的实践教学较少，老师和学生们大多在教室中进行相应的理论教学和学习，且投入过多的精力，忽略了实验或实践课程的重要性。同时考试内容也有一定的偏差，过多集中于理论知识的考察，实验及作业所占比例很低或者不考，从而使得学生对于实践课程的学习积极性不高，甚至有浑水摸鱼的现象。除此之外，学生们对于实践操作重视程度不够，农科类专业实践的环境条件较差，大多数在户外进行，田间地头风吹日晒，很多专业实践涉及除草、翻地起垄、授粉等农事操作，很多学生思想认识不到位，认为这些是农民干的事情，不是大学生干的，他们应该干“高大上”、有技术含量的实践，而不是简单的农事操作。再加上现在的学生很少下地干活，未干过重活，因此也无法高质量完成实践任务，体验实践内涵。对于教师来说，年轻教师尽管理论水平较高，但农业实践操作技能不足，实践教师配比不均衡，这也导致对实践教学环节不够重视，从而导致学生实践教学缺乏有效性、有序性，实施的效果不佳。

（二）教学模式落后，学生积极性不高

目前农科专业实践教学中验证型实验课较多，设计型实验课少，实践教学大多是老师讲解原理、示范操作，学生们按照老师的指导按部就班进行操作，缺乏自我创造。由于实验经费不足，大多数学校的实验仪器和材料不足以让每个人都进行操作实验，一般2～3人一组进行实验，甚至更多人一组，这就导致有些学生参加实验活动过少或者不参加，学生的参与度不高、积极性不足。有些实验课受教学设备、气象环境、作物生长的制约，学生实验课只能观看录像片或者只能从网上观看合适的视频，这样就导致学生不能够亲手操作，对于实验的过程了解程度不深，只有感性认知，缺乏动手能力。因此，新农科人才培养中专业实践教学模式下大学生的创新和实践能力没有得到应有提升。

（三）实习基地数量不足，教学经费短缺

实习基地是实践教学必不可少的一部分，它能够使得学生们将理论知识转化为实际操作，提高其理解能力、动手操作能力、创新能力。由于高校近年的不断扩招，学生人数已经远远超过以往，对于农业实习基地的需求量更大，但教学经费短缺导致即使人数不断增多，但是实习基地仍然保持不变或者增加很少，不利于开展相应的农业实习。有些农业院校为了扩大校园面积，将实习基地改为企业或者校外距离很远的地方，不便于学生进行日常的各种实习。部分高校特别是综合性大学对农科专业的重视度不够，对农科实践教学基地的投入远远不够，实践教学条件不能满足新农科专业人才培养的需求。此外，还有一些新课程，如农业物联网技术、无人机化学防治技术、智能农业工程技术等课程，尽管这些技术已经在农业生产中投入使用，但学校投入不足，学校还没有开展相关技术学习和训练，不仅没有引领现代农业生产，而且还落后于生产实践。

（四）实践教学环节执行不完善

实践教学在开展过程中受到自然环境和实践条件等因素的影响，同时也受到实践教学标准制定、执行和质量监控等环节的制约。一般来讲，专业课程实验或实践都是固定不变的，其目的、内容和方法也是固定的，因此课程标准建立后实践教学的大纲和执行计划都应随之固定。但是，农科实践受自然环境和实践条件的影响，也受到季节的影响，实践材料充足，会给学生提供较多的实践机会，但实践材料不足，学生实践机会就变少。尽管课程目标已经确定，但实践教学质量评价体系和方法还不完善，因此也会导致实践教学环节存在执行不够完善的问题。

新农科背景下农业高校强化实践教学改革是新时代发展的要求，是培育农村发展新人才的要求。新农科发展形势下的农林经济与产业对地方农业高校教

育人才的时代要求是：培育扎实的理论功底与灵活的实践能力相结合，发散的创新思维与能动的应变能力相结合，创新能力、实践能力、经营管理能力相结合的新一代复合型、应用型人才。而这一切要求的达成必须依赖现阶段农业高校强化实践教学改革，这也是建设农业教育新高地的要求。新农科对农业教育人才的培养要求是多元化的，强化实践教学是弥补现阶段农林教育人才创新素质欠缺、理论与实践脱节问题的重要教学手段与教育方法，而加快建设和完善实践教学基地则是当前强化实践教学改革的重中之重。然而，当前农业高校，特别是地方农业高校实践教学基地建设是相当薄弱的环节，这使农业高校毕业生达不到现代农业的要求，缺乏就业竞争力与社会职业素养。

五、实践教学成功案例分析

（一）棉花实验班

2016 年塔里木大学与中国农业科学院棉花研究所共同创建了棉花实验班，2016 年制订棉花实验班人才培养方案时，将实践教学目标定位为：掌握棉花生长发育、遗传育种、棉花栽培、现代农业技术等方面的试验设计、研究与分析方法及实验技能，具备棉花生产、植物保护、新品种选育、棉花轧花加工贮藏、棉花纺织、种子生产与加工等基本技能，具有较强的科学研究和实际工作能力，具有一定创新精神和创业意识、具备较强创新创业和实践能力。

棉花实验班实践教学内容包括课堂实验教学与集中实践教学，其中集中实践教学包括毕业论文、棉花周年生产实习及拓展训练 3 部分。增加实践教学比重，实践学时与理论学时之比为 54∶46。

为保障实践教学顺利开展，棉花实验班从实训基地与师资队伍等方面加强建设。在实训基地建设方面，实验班学生在塔里木大学学习期间，利用本科实验室及校内外实训基地完成实践训练，在中国农业科学院棉花研究所（以下简称中棉所）学习期间，依托中棉所 12 个国家级科研平台、11 个省部级科研平台及 3 个实验实训基地完成实践教学。在师资队伍建设方面，采取引进来、送出去的方式培养青年教师，鼓励教师到生产一线挂职、扶贫，积累实践经验，提升教师的实践能力。目前有专任教师 22 人，其中研究员 13 人；博士学位教师 18 人，已形成一支教学水平高、科研能力强、具有丰富实践经验的师资队伍。

1.“理论实践一体化”，完善实践教学模式

2016 年以来，棉花实验班开展“理论实践一体化”教学模式改革，将课堂教学与实践教学有机结合，边教、边学、边研，学以致用。通过一系列的实践教学验证相关的理论知识，通过进一步的实践与操作加深学生对知识的掌握程度，从而提高学生的实践动手能力。4 年的改革实践表明，“理论实践一体

化”教学提高了教学效果，增强了学生的学习兴趣，激发了学生“发现问题、分析问题、解决问题”的能力。

2.“校—院—企”合作，创新实践教学体制

棉花实验班人才培养定位是培养具备较强创新创业和实践能力的棉花全产业链人才。多学科人才培养离不开多方面的、广泛的协同合作，为更好地与区域社会经济及产业发展对接，创新了实践教学体制，形成“校院合作”“校企合作”的多方协同育人机制。在校院合作育人方面，实行“2.5＋1＋0.5”三段式培养模式，1～5学期学生在塔里木大学学习各自的专业，6～7学期赴中棉所学习，第8学期返回塔里木大学进行毕业论文答辩，实现了校院合作育人。在校企育人方面，从培养目标的设定，到实践教学方式、教学模式的设计及考核与评价等，邀请企业参与进来，并实施动态调整机制，以便及时与社会发展接轨。

3.“产、学、研、用一体化”，拓宽实践教学渠道

中棉所建成3个“前院后田，校企一体化”的产、学、研、用一体化实训基地，集“教学科研、创新创业、培训鉴定、社会服务”于一体，既可开展棉花周年生产实习及创新创业训练，也可作为认知田、试验田、生产田用于学生实践教学。依托“前院后田，校企一体化”的“生产式”实训基地，学校与企业共同培养人才，学生“在学中做，产生体验；在做中学，提升认识”，实现生产、教学、研发的有机融合，理论和实践的相互转化和有序提高，理论和实践结合得更加紧密，不但解决了学生的实习实训问题，而且还与企业开展了密切的合作，取得了显著的经济效益和社会效益。

4.“团队式培养”，改革实践教学培养方式

棉花实验班实行“双导师制”，每个学生设置2名导师指导，由塔里木大学与中国农业科学院棉花研究所专家组成联合指导组。在塔里木大学学习期间（1～5学期），学生学习各自专业，由所属学院进行管理，学生在第3学期开始根据各自专业进入课题组，由课题组指导进行科研基本训练与实践，由塔里木大学的导师负责指导。第6～7学期到中棉所学习棉花全产业链课程，由中棉所科管处与棉花科学学院共同管理，根据学生的专业特点分配学生进入中棉所创新团队，由中棉所授课教师指导课程学习、由创新团队指导实践教学。第8学期返回塔里木大学进行毕业论文撰写、修改、答辩，由中棉所与塔里木大学双导师共同管理。通过团队式培养，实现了实践教学培养方式的改革。

棉花实验班改变了传统的实践教学模式，增加了实践教学的比例，加强了教学管理，加大了实验室、教学基地的建设，使学生的实践能力得到了大幅度的提升，学习质量也得到提高，是一个值得借鉴的实践教学模式。

（二）山西省重点创新团队——“433”实践育人模式

自2002年开始，依托国家级小麦农科科教人才培养基地，以旱作栽培与作物生态山西省重点创新团队（科研平台）为实践育人阵地，以参与本团队科研实践训练的本科生（2016—2020）为研究对象，探索总结实践育人模式，以期为培养卓越农林人才提供理论依据与实践经验。为满足新时代实践育人的要求，使培养阶段更具体、评价更科学、管理更有效，在卓越农林拔尖创新型人才培养改革基础上，团队依托科研平台，积极探索实践，提出“433”实践育人模式：“4”为四阶段的科研训练过程，第一个“3”为三维度的科研训练评价，第二个“3”为三层次的科研训练运行保障机制。

首先介绍“四阶段”的科研训练过程。

一是基地实践的体验阶段。补充和延伸素质教育实践基地，培养学生思想政治素质、道德素养、创新精神和实践能力，造就有理想、有道德、有责任的能顺应时代潮流发展的大学生。从第二学年第二学期开始，在学习学科基础课程（生物技术概论和植物生理学等）基础上，根据学生的研究兴趣报名参与教师的科研课题。教师组织学生参观团队实验室，介绍实验室的基本情况以及团队的科研情况。教师讲解课题内容，本科生逐步了解课题，明确课题研究方案和目的，业余时间去小麦试验示范基地参与实践及生产情况调研，教师在基地围绕相关内容系统授课。这一阶段主要是补充实践，本科生走出教室，走进田间，亲身体验，加深对专业的认识，确定专业的社会意义，增强学生理想、道德和社会责任感。

二是理论知识的强化阶段。合理的实践后，带来多维度的认知强化，有利于知识的留存与应用。第三学年第一学期，继续学习学科基础课程（农业生态学、作物栽培学）和专业选修课程（专业英语、科技论文写作等）。有了二年级时的实践经验，以生产现状和存在的问题为出发点，教师指导学生下载中、英文文献，本科生对文献中科学家采用的研究方法进行总结与思考，最后学生分组针对每一个问题进行综述讲解，其他学生提问并打分，该成绩作为平时成绩，占考试成绩的20%。课余时间参与每周日晚上团队组内研讨会，研究生讲解进展，学生和教师提出疑问和建议，通过互相交流加深理解。这一阶段是在科学训练实践基础上，进一步丰富专业理论知识，培养学生批判性思维，提升发现和解决问题等能力。

三是再实践的验证阶段。第三学年第二学期，学生围绕自己查阅的文献结合指导教师科研课题的研究方向，发挥学生主观能动性进行本科毕业论文选题，并以PPT形式完成开题，在教师指导下确定开题报告任务书内容。第四学年第一学期，学生试验实施，实行“传帮带”模式，将学生分配给研究生负责，在作物各生长时期在田间取样，在室内进行农艺性状分析，学生暑期有集中2周的实验周，全程参与不同实验指标的操作过程，规范实验操作。这一阶段主要是针对学生掌握的知识制定合理而可行的试验方案并实施，锻炼学生的协调能力、统筹管理能力，培养学生规范的大田试验操作能力、室内实验操作的动手能力及严谨的科学态度和创新能力。

四是综合能力的提升阶段。提高农业人才质量，服务现代化生产，培养农学专业复合应用型的卓越人才，对确保国家粮食安全具有重要意义。第四学年第二学期，教师指导本科生处理数据、构思毕业论文，本科生独自完成毕业论文的数据整理和框架搭建，指导教师确定后，在发表过论文的研究生的协助下完成毕业论文的初步写作，教师再细化修改。本科生跟随团队研究生以科研助理的角色，提升分析和解决问题、处理日常事务等能力，完成简单的任务。这一阶段主要将前期的实践、理论统一升华且以文字形式体现，为真正成为农学专业复合应用型人才奠定基础。

大学生参与科研训练，是科研素养渐进发展成熟并固化的一个可持续过程，然而实际操作中，对于科研训练的评价往往是重结果而轻评价。因此，科研团队在科研训练过程中围绕学生的兴趣态度、创新能力、科研潜能三方面进行评价。“三维度”的科研训练评价的基本内容如下。

①兴趣态度激发。学生对待科研的积极性表现在课余时间参与团队组织的研讨会、去团队科研基地、积极思考科研活动时提出的疑问和参与讨论交流、处理实验数据、发表论文等方面，对待科学的严谨性表现在学生在科研基地田间操作取样时的认真程度和室内科学实验过程中操作的准确程度两方面，这能真实地反映一个学生对本专业科学研究的兴趣和科研态度。

②创新能力训练。学生的动手能力和创新能力表现在学生参与田间试验时取植株样品的个人动手能力和分工合作能力，表现在参与室内实验研磨土壤样品、测定植株含氮率等指标时的个人动手能力，表现在毕业论文设计时根据前人研究进展构思毕业论文新颖性情况。这都能真实反映学生的动手能力、思考能力和创新能力。思路清晰、思维活跃、创新性强利于推进科学的进步。

③科研潜能挖掘。学生科研基础和水平表现在每次研讨会时学生提出问题或讨论问题时运用专业理论知识情况、分析实验数据和结果方法的准确性、撰写毕业论文时的理解能力、在科研训练过程中遇到突发情况是否有独到见解，这能真实反映一个学生的科研潜能。准确到位地提出、分析和解决问题利于科研能力的挖掘。

本科生作为科研训练的主体，他们的积极性是开展科研训练的动力保障，健全和完善本科生科研训练机制，充分调动学生科研训练的积极性，对于提高科研训练的质量，提高创新人才的培养质量有很大的助益作用。科研团队从平台开放、教师能力、科研氛围三方面激励学生，保障学生的科研训练质量，即“三层次”科研训练运行保障。

一是搭建良好的科研平台，完善平台开放制度。近年来，科研团队充分利用黄土高原特色作物优质高效生产协同创新中心、国家小麦产业技术体系专项、作物生态与旱作栽培生理山西省重点实验室、小麦旱作栽培山西省科技创新重点团队、山西省功能农业工程研究中心、特色小麦产业技术联盟等科研平台优势，积极创造条件，向本科生开放，鼓励大学生自主创新探索，参与教师课题，制定开放、自我约束、互相监督的制度，完善科研平台，用知识力量感染学生。

二是构建阶梯式指导团队，制定各级责任制度。团队包括老、中、青年教师 22 人，结构合理，内部制定了阶梯式的各级教师责任制度，老教师即团队负责人引领团队方向，中年教师即骨干成员根据方向确定实施方案，青年教师团队带领研究生和本科生实施具体操作，亲力亲为影响学生，同时研究生协助指导本科生，本科生在日常生活中学习团队教师的各种能力，传承团队好的做法，互帮互爱，构建团结友爱“一家人”的团队，用人性化、舒适度、苦并快乐的精神力量感染学生。

三是营造浓厚的科研氛围，建立评价激励制度。团队每年引进人才或邀请专家举办讲座，开拓研究思路，学习更好、更先进的研究手段，从而更科学地指导本科生和研究生参与每周的团队学术交流会，同时建立绩效奖励制度，支持形成各类型成果，鼓励学生和教师建设积极向上的强大科研团队，激发学生的科研潜能。

（三）南京农业大学——“三结合”教学模式

“三结合”教学模式是指：第一，实验教学与科研训练相结合，依托学科优势与科研资源，培养学生的创新精神、科学思维、专业素养与科学实验能力；第二，实验教学与社会实践相结合，发挥学校人才与技术优势为“三农”服务，创建形式多样的协同教育教学模式，培养学生理论联系实际的综合实践能力；第三，实验教学与产业实训相结合，将学生储备的理论知识，通过在企业或产业基地的实践得到立体化综合训练，培养学生的产业视野、创新创业精神与综合专业能力。具体特征包括“三层次四平台”实验创新平台以及“农科教”一体化“三链接”实践基地。

学校搭建基础型、综合型和创新型“三梯层”实验形式，构筑基础、专业、综合与创新“四平台”实验体系，形成了“三三四”实验创新平台，提升学生创新思维，促进学生知识融合，提升学生实践能力。

一是搭建“三梯层”实验形式。学校以“三链接”为基础，按照人才分类培养路径（基础—专业—拓展），构建了基础型、综合型和创新型“三梯层”

实验形式：基础型实验以基本实验技能训练为核心，与基础课程内容相衔接，培养学生实验基础技能和方法，培养基本科学素养；综合型实验以规范实验操作技能、培养综合能力为核心，与专业课内容相结合，培养学生实验设计、数据处理分析、综合应用知识、解决综合性问题的能力；创新型实验以激发学生创新思维、培养创新能力为核心，与实施大学生创新训练计划、毕业（设计）论文、参与社会科技竞赛与实践活动相结合，培养学生发现问题、分析问题与科学探究的能力。目前，学校新版人才培养方案中，综合实验和创新实验达总实验数的60%。

二是构筑“四平台”实验体系。为了全面优化实验创新体系，将实践创新能力培养落实到人才培养全过程，学校将基础实验进一步打造为基础实验平台和专业实验平台，构建了从基础实验、专业训练到综合实验再跃升到创新实践的“四平台”（基础、专业、综合、创新）实验体系，形成实验创新系统，确保每位学生均受到全面的实验创新训练。①基础实验平台。学校建设了面向全校开放的理化实验中心、生物科学实验中心、大型仪器设备实验中心，各学院建设了植物生产、动物生产、化学实验、物理实验等实验室平台，保障公共基础课程与专业基础课程的实验教学。②专业实验平台。学校建设了一批专业实验室，在培养方案中增加专业实验课时数；专设部分开放实验课程，供学生跨专业选修；开辟设计性实验，供学生以专业知识为基础，在一定范围内自由选题，自主申请，在教师的指导下完成实验。③综合实验平台。利用学校的科研实验室与专业实验室，在学生掌握一定专业知识基础上，经教师指导、查阅文献，自主选题。一类选题是以专业理论为基础的“研究型学习”综合实验，面向学术前沿；另一类是以行业问题为切入点的“技术升级型”综合实验，关注生产实际。④创新训练实践平台。利用学校各类实验室与产、学、研基地，承担院、校、省、国家四级大学生创新训练项目，鼓励学生开展自主创新实践、参加各类创新创业竞赛、参与教师科研合作项目。

南京农业大学以“三结合”为引领，以校所（企）协同实践育人为宗旨，本着“互惠互利、优势互补、共同发展”的原则，采取多种形式构建“农科教”一体化实践教学基地，积极探索“农科教”“三链接”联合培养创新人才新机制、新模式，为农科创新人才培养积累了优质的实践教学资源，保障农科创新人才培养的实现。

三是与地方政府合作共建产、学、研实践教学基地。学校充分利用与地方政府在人才培养、合作科研、技术研发及农业科技成果转化与推广方面的良好合作关系，积极与地方政府合作共建产、学、研一体化人才培养基地，推进校地协同育人工作。进一步加强学校与常州市人民政府合作共建的“南京农业大学常州市农科教合作人才培养基地”、与淮安市人民政府合作共建的“南京农业大学淮安研究院”、与宿迁市人民政府合作共建的“南京农业大学（宿迁）设施园艺研究院”等产、学、研一体化实践教学基地建设，使学校与地方政府的产、学、研合作迈上新台阶。

四是校企根据人才培养目标共建工程技术研究中心。结合自己的学科优势和科研实力，推进校企深层次与高水平的横向联合，建立互利共赢的校企合作研发中心，通过产、学、研一体化建设，形成集研究、开发、生产与人才培养为一体的科技创新平台，着力提升产、学、研实践教学基地的建设水平。如由学校与江苏省雨润食品产业集团有限公司合作共建的“国家肉品质量安全控制工程技术研究中心”、与江苏新天地氨基酸肥料有限公司合作共建的“江苏新天地生物肥料工程中心”等10多个国家级、部省级工程技术中心，这些产、学、研一体化基地的建设不仅有效促进校企协同与科技创新能力的提升，而且有效地推动了学生实践能力、创新能力和创业精神的培养，进一步提高了人才培养质量。

五是依托农业产业技术体系岗位科学家，共建产、学、研实践教学基地。充分发挥学校现代农业产业技术体系岗位科学家的人才资源优势，以国家教育体制改革试点项目为依托，以现代农业产业技术体系建设为结合点，依靠现代农业产业技术体系岗位科学家对农业的指导与推动作用，加强学校与现代农业产业技术体系综合实验站、科研院所等单位的产、学、研一体化合作，共建一批与行业产业紧密联系的实践教学基地，探索高校与行业产业联合办学新途径。在互惠互利的基础上，与行业产业协同创新，优化人才培养模式，积极探索提高人才实践创新能力的新机制、新模式。重点以学校19位现代农业产业技术体系岗位科学家为依托，与国家现代农业产业技术综合试验场（站）深度合作、协同育人，共同建设10个农、科、教人才培养基地，有效地推动了高校创新人才培养与社会经济发展和产业行业的无缝对接。

“三结合”专业基础实验，培养学生基本技能与科学素养；拓展专业实验实习，培养学生专业基本技能和创新精神；改革综合实践环节，培养学生综合应用知识能力与实践能力；开展创新实践训练，提升学生综合素质与实践创新能力。

（四）青岛农业大学——“课堂＋园区（基地）”人才培养模式

农学类专业是实践性较强的专业，人才培养要以生产需要为准线、储备人才为根本，全方位培养学生的创新意识、创新思维及创新能力。青岛农业大学农学院根据学生的专业特点开展了“课堂＋园区（基地）”的人才培养模式。学校建有青岛农业大学胶州科技示范园，校外实习基地有依托中国农业科学院的烟草专业培养基地以及依托山东省农科院的人才培养基地。学院在校内建设了“作物认知园”，园区内所有作物都分配到班级和个人，从种到收都由学生自己负责，旨在使学生掌握农作物种、管、收过程中的基本操作，同时依托学院、学校科研平台以及大学生科技创新体系，让学生早进课题、早进实验室。近年来，学校和学院加大了对大学生科技创新的支持力度，通过鼓励学生参加国家级赛事，达到以赛促学的效果，将科技创新能力的锻炼贯穿于实践教学之中。

学校建设的农科教合作实践教学体系包括两个方面。一是构建实践课程体系。基地课程体系建设以学校为主导、建设单位为主体，吸纳农学类相关教师及烟草所、山东省农科院有关专家，依据教育规律和人才成长规律，从人才培养体系出发，建立以能力培养为主线，分层次、多模块、相互衔接、科学系统的实践教学体系，与理论教学既有机结合又相对独立。实践教学内容与科研、生产实践密切联系，形成良性互动，实现基础与前沿、经典与现代的有机结合。二是加强实践教学队伍建设。按照“优势互补、互利互惠”的原则，学校与科研实习基地友好协商，签订实习基地协议，聘任全职教师，将科研院所与学校紧密联系起来，充分发挥双方优势，培养能力突出的农学类专业人才。实践教学队伍主要由以下三类人员组成：一是青岛农业大学具有丰富生产实践经验的一线专业教师，尤其是青年教师；二是中国农业科学院烟草所及山东省农科院农产品研究所从事具体工作的技术人员；三是中国农业科学院烟草所和山东省农科院农产品研究所有关科研、生产、推广等的管理人员。根据学生的专业特点，针对目前亟待解决的科学实际问题，教学人员指导学生进行实践锻炼，从而提高学生的创新能力和综合素质。

同时，青岛农业大学还健全了考核评价制度。质量考核可以反映人才培养的结果，人才培养基地建设需要健全考核机制，改变原来学校和教师的单一评价模式，基地指导教师也要参与有关实践教学的考试考核工作。考核的目的是对学生综合素质进行客观的综合评价，将考核作为手段，逐步提高学生灵活运用知识、分析解决问题的能力，同时训练学生的团队合作能力。传统的考核机制侧重于考核理论知识和学生的记忆能力，忽视了实践能力的考核。因此，要强化对学生实践操作能力和综合素质的考核。基于考核重点的变化，课程考试的内容和方式也要进行相应的改进。改变原来单一知识点的考核，将笔试与实践相结合，灵活运用，达到活学活用的目的。同时，还要增加创新思维和创新能力的考核比重，增加主观题、动手操作和团队合作部分的比例。考试可以采取开卷、闭卷、实际操作或者团队合作等多种形式。对于学生综合能力的评价，需要建立一个全面公平的评价标准，对学生的日常行为进行量化和综合测评，促进学生的全面发展。学生的综合评价考核体系应由学校和基地老师共同建立。

第二节 新农科人才培养的实践教学体系构建

一、实践教学体系的构建模式

（一）基础理论性、拔高性和探索性实验融为一体的实验教学模式

实验教学是高等农业院校农学专业教育、教学的重要组成部分，是培养农学实践类创新创业人才的重要环节。目前，农学专业实验教学存在的问题主要有：第一，相似课程间的实验内容略有重复；第二，大班式与集体式的实验教学方式导致实验课过于集中，实验仪器设备数量不够且质量较差等。因而，优化完善农学专业实验教学内容，有机整合相关学科的实验教学内容，优化配置实验教学仪器设备，缩小重复性、验证性实验内容，通过增加实验课学时来补充设计性、综合性和创新性实验内容，使得农学专业实验教学课程形成集基础性、拔高性和探索性实验教学为一体的多层次、一体化、综合性实验教学体系。基础实验教学主要培养本科生对一些普通设备的基本操作与使用；拔高性实验教学主要以符合当地农业生产为切入点，以大宗作物为对象，通过实验探讨其生长规律；探索性实验教学以追踪研究深度不够或者鲜见报道的科学问题为主要目标。依照新农科建设战略背景，要搞好实验教学就要构建有利于培养学生创新创业和实践能力的综合性实验教学体系。目前，甘肃农业大学顺应国家新农科建设战略背景，把农学专业的旱农学、农作学、农业生态学、种子学等课程的实验教学融合在一起，形成了农学基础实验课程，学生通过参与不同内容、不同层次、不同深度的实验课程，增强了实验操作能力、创新和科学思维能力，为今后的学习与工作奠定了稳固坚实的基础。

（二）课程专业和毕业实习相融合的实习教学模式

实习是培养学生实际操作技能的重要方式，是高等院校人才培养的重要实践教学方式。学生通过实习把基础理论与专业知识集成应用于生产实践中，可以增强自己分析和解决农田作物生产实际问题的能力。通过理论联系实际，与高水平的研究院所或者农科类大学联合进行规模化、层次化、交叉式的学生专业与课程综合实习，组建课程实习、专业综合实习和毕业实习三个不同层面的“校内＋校外”实践教学模式。目前，甘肃农业大学农学专业已经逐步形成了依托校内实习基地与实验室的综合性课程实习，与中国农业科学院作物科学研究所、中国科学院遗传与发育生物学研究所农业资源研究中心、中国科学院大学等科研院所联合打造专业综合实习基地，与条山农场、黄羊河农场、新疆建设兵团及种业公司等企业联合打造就业见习基地，最终形成了不同层次相互衔接的实践教学体系。甘肃农业大学今后将继续拓宽实习基地，保证学生能够持续高质量地进行生产实习。同时，在校生可通过参与大学生科研训练计划

(SRTP)、指导老师科研项目、生产实习等研究，为完成毕业论文打下坚实基础，实现综合生产实习和撰写毕业论文有机融合。另外，生产实习有助于部分同学考取实习单位的研究生或者就业于实习单位，有效缓解了目前严峻的就业压力。

(三) 综合实习与毕业论文相结合模式，健全毕业论文管理体制

对于高等院校农学专业而言，需要撰写毕业论文并答辩才能完成学业。因此，撰写毕业论文是最终衡量学生是否掌握专业理论知识和实践技能的有效方式。对于高等农业院校农学专业的学生来说，参与大田作物生产相当重要，通过参与设计与履行毕业论文所依托的试验，把课堂所学的农作学、作物栽培学、农业生态学、土壤肥料学等理论知识应用到试验中，达到学以致用的目的。要提高本科生毕业论文的质量，就要健全本科毕业论文的考核规则，制定全新的本科毕业论文管理制度体系。另外，要建立本科毕业论文的奖励制度，加强对优秀毕业论文的奖励。特别是要鼓励学生参与整个试验过程，以培养学生严谨的科学研究品德和较好的专业素养，提升科研水平。

(四) 开展创新创业实践教学，实施科研导师制模式

目前，国家提倡学生勇于参与创新创业活动，高等农业院校鼓励学生参与科研训练计划或者创新创业项目，目的在于履行以学生为主体、以科学研究为重心的创新实践教学，鼓励学生在本科学习阶段主动参与科学研究并应用于生产实践，培养学生严谨的科研态度和敏锐的创新意识，增强学生科学研究及综合实践能力。另外，大学生科研训练计划与创新创业项目的选题要紧密联系实际作物生产，要符合新农科建设战略对新时期大学生培养的基本要求，大学生创新创业与科研训练计划项目可以在指导老师的协助下履行。学生自大学第 4 学期开始，利用课余时间，根据自己对作物栽培与耕作或者作物遗传与育种两个研究领域的兴趣程度选择专任教师参与科学研究。为了培养学生的科研精神和创新能力，一定要鼓励学生勇于参与科研训练计划与创新创业项目。对于农学专业而言，对科研有崇高兴趣的本科生采取“本科生导师制”，将部分学生聘为科研助理，在第 4 学期跟随导师从事科学研究工作，既完成了综合实习又为撰写毕业论文打下基础，最终实现以科研促教学。

(五) 参与新农科背景下的社会实践，拓展学生专业素养的实践教学模式

新农科建设背景下，培养新型科技专业人才考虑的最主要问题是培养专业能力强、科研态度端正、具有创新思维与创业能力且具有吃苦耐劳精神和服务“三农”意识的专业人才。大学生三下乡社会实践活动是解决新农科建设背景下培养新型科技专业人才的重要环节之一，有助于学生深入体会新农科建设，提高学生分析与解决实际生产问题的能力。农学专业学生进行三下乡社会实践

的主要目的在于服务乡村建设、强化学生专业理论知识、提高学生业务能力与专业素养、增强学生实践能力等。通过参与社会实践活动，真正领悟新农科建设的具体内涵，进一步发挥学生分析与解决农业实际生产问题的潜力，积极探索将专业理论知识应用于社会实践，将毕业实习贯穿于社会实践，将新农科建设战略的实际需求融合于社会实践的方式。目前，高等农业院校农学专业学生社会实践存在参与度低、实践形式僵硬、实践内容单一、实践效果差、群众参与度低、农民满意度不高等问题。

二、实践教学体系的保障措施

（一）规范校外实践教学质量管理

结合学校人才培养的目标定位，树立实践教学与理论教学并重的教学理念，紧紧围绕地方农林产业发展新需求，加强实践教学，突出学生实践能力和创新能力考核，建立多样化学业指导和考核评价体系；多渠道筹措资金，加强实践教学经费投入；完善校、院二级实践教学质量监控体系，制定切实可行、针对性强的农科类专业实践教学管理办法和质量监控管理措施。

（二）规范实践教学监控过程管理

建立实践教学监管机制是提高实践教学质量的保证，依据农科类专业实践内容并结合农业生产实际情况，制定实践教学环节规划。一是实践教学准备环节，专业负责人根据人才培养方案目标要求，预先进入实践教学基地，考察基地条件、实践项目与内容、形式与时间、可容纳学生数量等，制定实践教学计划。二是实践教学实施环节，参与实践的学生、校内指导教师、校外指导教师、基地负责人是监控的主体，负责制定实施方案，教学单位负责进行教学检查和督促。三是实践教学考核环节，实践结束后，指导教师要按照考核标准做出客观、公正的评价。

（三）明确主体和责任

质量监控主体由学校、学院、校内外指导教师、班主任、学生等多方构成，依据不同的实践教学环节，其主体和责任不尽相同。学校教务处、督导处是校外实践质量监督主体，对实践教学质量进行宏观监控，指导教学单位的实践教学质量监控。教学单位是实践教学实施主体，负责日常校外实践教学质量监控工作和落实质量保证措施。实践基地单位是实践岗位的监控主体，负责与学校沟通协作、学生安全、校外指导教师监控、学校学生评价。校内指导教师是实践教学过程的监控主体，负责管理学生、指导技能操作、考核评价学业等。校外指导教师是实践实施、考核阶段的监控主体，负责实践过程安全、技能指导、考核评价。班主任是学生学风监控的主体，负责学生思想状况、信息收集等。学生是实习的主体，负责实习的意见反馈和督促双方调整实践方案。因此，要以多元化的评价主体对实践教学质量进行评价。

（四）完善考核评价机制

考核评价机制主要涉及考核形式、考核内容，应实行多样化考核方式。专业实践可采用技能竞赛、现场测试、现场答疑、随机考核、学习汇报等形式，科学试验采取试验设计、现场讲解及 PPT 汇报等形式。考核内容包括专业思想、组织纪律、实习日志与记录、实践技能、团队精神、实习总结等多方面。发挥外聘教师优势，加强实践教学管理，将实践性较强课程的课堂教学搬入实践基地，校企合作建立专业实践课程，切实有效提高实践教学质量。

（五）构建实践教学质量考核评价体系

实践教学质量评价体系的建立是高校办学定位和人才培养目标的集中体现，是对学生知识应用和实践、创新能力培养的定性、定量评价。因此，考核评价需要根据人才培养方案、教学大纲要求和农业产业对人才质量的需求，结合实践教学各环节的特点，综合考虑制定校外实践教学质量评价标准，为学校进行实践教学质量管理与监控提供可参考依据。

三、实践教学体系的构建策略

（一）强化以技能训练为主体的教学理念

随着时代的发展，在新农科的背景下，传统的教学方式已经不能够适应当前的人才培养需要，因此不论是教师还是学生都应该转变自己对待实践教学的态度，摒弃“教学为主，实践为辅”的教学观念，将理论教学和实践教学放在同等重要的位置。首先优化相应的教学计划，使得教学体系中的实践教学和理论教学既相互联系又相互独立，提升实践教学在教学中的辅助作用，调整实践教学所扮演的次要角色，强化以实践技能训练为主体的教学理念，把推进实践教学工作、优化实践教学改革作为提升教育教学质量、加强专业竞争力和凝练办学特色的关键举措。同时要培养学生学农爱农、服务农业农村发展的责任感、使命感。

（二）优化以人才培养为目标的课程计划

根据人才培养目标，高校应对实践教学的课程进行科学规划和设计，力求课程目标具有综合性和系统性。课程目标、指导教材及教材内容的选择要建立在学生专业实践能力和创新精神的培养上，同时紧密结合学生职业素质的发展要求，建立协同创新理念下专业化、结构化的实践课程体系。构建从基础试验到综合试验再到创新试验的教学模块，各模块相互连接，逐层递进，从而进一步提升学生的创新创业能力及个人综合素质。

（三）建立以师生互动为手段的教学模式

在教学模式上，教师不能够单一地采用以往的“灌输式”教学模式，要师生互动，教师做引领者，学生做参与的主体，调动学生的主动性和积极性，发挥其创新能力，先思考、后教学，培养学生的自主学习能力和主动创造性。相应的实践教学方法有覆盖问题式、参与式、案例式等，主要都是老师提出问题，学生研究并回答问题，老师最后进行适当点拨。以基础型实践为例，该部分教学内容相对简单，可以让学生先预习实践方案，然后课堂上教师主要讲解相关仪器的使用，其他时间留给学生自己操作，如果在实践过程中碰到问题由教师指导和纠正。创新性试验以创新点为突破，主要从教师指导、学生负责的项目培养方式着手，在项目实施的过程中要充分调动学生主动学习能力及拓展创新能力，让学生在探究性学习中拓展专业知识，加强其分析及解决问题的能力，拓展科研思维。

（四）构建以一流学科为导向的教学平台

农学专业实践教学平台必须围绕本专业的培养目标、平台的高度开放性、教学内容的系统性和多样性，以学生为主体进行建设。校内资源整合共享、校外资源开发利用、校企合作共建提升、网络空间挖掘探索是加快教学平台建设的几条路径。以湖南农业大学农学院作物学专业为例，在学院制定的“十三五”规划中，明确围绕粮、棉、油、麻、烟等南方优势作物，在加快建设校园教学基地的基础上，加强了与政府部门、企事业单位、基层农业合作社等单位产、学、研合作，先后建设了湖南农业大学—湖南隆平高科亚华科学研究院研究生培养创新基地和一大批具有专业特色的校外教学实习基地。特别在湖南农业大学浏阳教学科研综合基地，学院统筹购买了大量大型农事机械，并请专业人员对学生进行机械操作要领培训。在具体实践过程中，学生既能将书本理论知识用于实际生产，又能学习并操作大型农机；既学到了技能本领，又能了解作物生产最新进展，受益良多。

（五）完善以创新能力为标准的考核指标

实践教学的考核体系应以提高学生创新思维、科研能力、团队合作意识、实事求是的态度为主要目标。在考核方式上，实行多样化、多形式、多层次、多角度的考核方式，用实践操作、技能大赛、实践报告、表达方式等形式进行综合考核。在实践过程和结果方面，实行双考核。不再单单以实践报告作为唯一的考核依据，而除了对学生的实践报告进行考核外，还对实践操作过程是否规范、专业、熟练，以及方案设计合理性、新颖性、课堂出勤率、数据记录、结果分析、结果汇报、讨论交流、团队协作等环节进行综合考核评价。在考核内容较多的情况下，教师可以建立评分表，各项单独打分，以综合成绩作为学生最终成绩。

第三节 新农科不同类型人才培养实践教学模式探索

一、传统农学专业人才培养实践模式探索

农学专业作为设置最早、最普遍且发展最为完整的农业科学领域的传统专业，享誉度较高，是支撑农业发展的重点专业。农学专业虽为我国农业发展和社会经济建设培育了大批农业人才，但现行的培养方式造成学生学科视野局限、运用现代科学技术能力不足、人文素养普遍弱化，不足以满足产业发展对高素质、创新型、复合型人才的需求。面对全球新科技革命和产业变革瞬息而至的浪潮，要想重构具有中国特色且适应我国农业现代化发展的传统农学专业人才培养体系，我们必须突破长期单科性办学的局限性，注重跨学科交叉融合，推动传统农学专业改造升级。

传统农学专业人才培养存在许多现实问题，通过对8所具有代表性的农业高校的农学专业人才培养方案研究发现，培养目标体系与急需建设的新农科核心素养不符；课程结构体系对高质量农业人才培养的支撑度不够；实践教学环节与高速发展的产业技术结合不够紧密。为了顺应新农科的发展，解决传统农学专业人才培养的现实问题，本书提出了以下几点解决对策。

（一）结合未来农业发展特点和高校自身特色，确立培养目标

高校培养的人才不仅要专业知识扎实，更要有广阔的视野和全面综合的能力，对未来具有良好的适应能力。新农科农业人才培养要瞄准未来农业发展特点，面向国内外两个市场，明确培养目标，从而提高人才的行业适应性。高校可参考行业、市场和企业对农学人才的需求方向，邀请行业主管部门、科研院所、国内或跨国农业企业以及广大师生、校友共同参与制定人才培养目标。在此基础上，不同类型的高校应依据办学条件、学科背景以及自身培养特色确立专业培养目标，将社会发展需求、学校办学定位与专业培养目标有机统一起来，使农学专业人才培养呈现出一定的梯度和特色，培养高素质、专业化、国际化以及多学科背景的拔尖创新型、复合应用型和实用技能型农业人才。

（二）细化培养要求，实施分阶段人才培养

新农科人才培养目标的实现必须落实到更细致的培养要求，将学生应具备的知识、能力、素质落实到人才培养的各个阶段。前期阶段主要拓展学生的人文素养，培养学生具备社会责任感、远见卓识和家国情怀的“新农人”品格，着重人文社科知识、自然科学知识、经济管理知识，特别是工具性知识方面的积累，以便为后期全面发展奠定基础。中期注重多学科知识的交叉融合，给予学生更多灵活空间，培养其专业知识和专业技能，引导学生向创新型、应用型或技能型人才发展。后期强调提升学生的创造性思维以及实践创新能力和生产

经营管理能力等，使之具备运用所学专业知识和专业技能从事创业的能力或开展创新性技术研发的能力，从而实现人才培养的横向和纵向延伸。

（三）注重多学科交叉融合，重组课程结构

未来农业发展将会是高效化、全球化、智能化和可持续化的，不仅需要农业科技支撑，也需要经济、法律、信息技术、国际规则、工程技术等方面的支持。培养新农科人才必须改造传统课程体系，探索满足多学科知识交叉融合的课程结构。高校应围绕培养目标，按照基本素养、基本技能以及农科特色3个方面构建通识教育体系，使之具有系统性和层次性。授课内容应突出文化传承功能，强调对农科发展历程及人与自然、全球生态文明等的理解，打造具有新农科特色的大国“三农”通识教育课程，提升学生历史文化素养和国际理解力。同时深化专业课程改革，在课程体系中形成以专业基础课为基准、专业核心课为支撑、专业特色课为品牌的专业教育合力，实现专业课程相互衔接、逐级递进。尤其是通过设立跨学科研究学术单位，整合资源配置，发挥不同学科师资协同作用，开设学科交叉渗透的专业特色课程。建设跨学科专业课程平台，通过必修课弹性化和选修课多样化，优化学时、合理分配学分，增加课程选择的灵活性，从而培养学生跨学科综合素养和运用多学科交叉知识发现和解决农业领域中复杂问题的综合能力。

（四）基于我国“三农”发展前瞻和农业技术前沿，改进实践教学体系

遥感卫星、无人机等先进技术已融入农业生产技术中，未来智慧农业在我国将逐步铺开。而当前农学专业教学依旧依靠传统的栽培方式和耕作工具，学生在农业信息化、规模化与机械化方面实践不够。因此，农学专业实践教学不能只集中于生产环节，也不能仅着眼于基础性实践，要打通实践教学与产业前沿技术的资源壁垒，基于“三农”发展前瞻、基于科学技术前沿、基于农业实际问题，不断拓展实践教学环节、更新实践教学内容，建立与产业前沿技术紧密结合的实践教学体系。首先要以提高能力为核心，以提升素质为目标，突出创新教育和科研训练。其次要提高实验教学比例，推进独立实验课程设置，增加综合设计和创新型实验项目。另外，在实践基地建设、项目设计等方面，更要紧扣创新与发展，推进学校和国内外企业联合培养，开展国际化合作交流。从实践教学目标、实践教学内容、实践教学平台出发，不断改进，形成“专业基础技能—综合实践运用—科研创新能力”阶梯式实践教学体系。

二、创新创业型人才培养实践模式探索

拔尖创新型人才培养能够适应新时代国家和社会发展的需要，是我国农业现代化和社会主义新农村建设的迫切需求。农科类专业是一类实践性较强的专业，包括农学、植物保护、种子科学与工程等。实践教学内容包括实验实习、

田间生产实习、毕业实习、社会实践和科研基础训练等多种形式，具有很强的直观性和操作性，是学生将理论知识转化为行为能力的重要环节，是整个教学过程的重要部分。通过对农学和植物保护专业拔尖创新型人才培养方案实践教学环节进行梳理分析，结合新时代国家对新型农科专业人才的需求，本书提出了新时期农科专业实践教学改革的对策。

（一）更新教育理念，提高对拔尖创新型卓越农科人才培养的认识

传统的教育理念已经很难适应新时代社会发展对人才的需求，传统的教育理念更注重理论教学，而对实践教学的重视程度不够。作为农业类高校，要承担起新时代农科人才培养的重任，进一步提高对农科人才培养的认识，根据新时代国家和社会对农科专业人才的需求，在人才培养中融入“以学生为中心、产出为导向、质量持续改进（OBE）”的思想，加大实践教学的比例，制定更能满足培养拔尖创新型卓越农科人才的培养方案和计划。将科研创新实践教育融入人才培养全过程，建立由校内校外、课内课外、线上线下相结合的“双创”教育体系，鼓励学生参与学科竞赛、创业实践及其他科技创新活动，丰富和拓展实践空间，提升实训水平。这些举措为高质量拔尖创新型卓越农科人才的培养提供了丰富的资源，开拓了培养路径。

（二）明确实践教学目的，创新教学方法

农科专业很多课程都有课程实验，还有认知实习、生产实习和毕业设计等集中实践环节。为了培养学生创新实践能力，结合农科类专业特点，对实践教学内容进行改革，调整验证性、设计性和综合性实验的比例。根据现代生物技术和农业生产的发展，要在教学中多引入设计性和综合性实验，增加新颖、前沿的教学内容。教学方式由灌输式向引导式改进，给学生提供更多自行思考和自己动手的时间和空间。同时，结合“校所合作”“导师制”“第二课堂”“暑期学校”等灵活多样的实践教学手段，将所有实践教学环节紧密联系起来，有效提高实践教学质量，培养拔尖创新型卓越农科人才。

（三）充分发挥学科和科研平台优势

充分利用专业依托的一流学科资源和国家级教学科研平台，实现科研反哺教学。南京农业大学农科专业以作物学学科和植物保护学科两个国家一级重点学科为依托，学科资源丰富，建有作物遗传与种质创新国家重点实验室、国家信息农业工程技术中心、国家大豆改良中心和植物生产国家级实验教学中心等国家级和省部级科研平台，拥有先进的仪器设备和科研条件，均面向本科生开放。本科生通过 SRTP 项目研究、课程实验、毕业实习、暑期学校、社会实践等多种形式在科研实验室开展实验，熟悉和学习各类仪器设备的使用，借此来扩充已有教学平台的资源。这些现代化的开放平台对于提高学生的实践水平

和科技创新能力具有重要的推动作用。

充分利用教学科研基地，实现科教协同育人。南京农业大学在“南京白马国家农业高新技术产业示范区”建有“南京农业大学白马教学科研基地”、教育部“农科教合作人才培养基地”等校内外实习基地。作为牵头单位获批建设“省部共建现代作物生产协同创新中心”，成功实施大学生暑期学校和暑期专业实践项目。依托学校在科学研究、技术推广方面的优势，加大与科研院所的合作，完善科教协同育人机制，丰富了教学实习的内容，弥补了校内教学实习条件的不足，保障了学生社会活动和实践能力的培养和提高。

(四) 构建“双创型”师资队伍，为卓越农科人才培养提供资源基础

师资队伍建设是拔尖创新型人才培养质量提升的重要保障。以一流师资为基础，以课程改革为依托，打造“科研—教学”双创型师资队伍，让学生有机会接触国际水平的顶尖专家，直接接触或参与国际前沿的农业科学研究，对培养卓越农科人才有重要的推动作用。2016 年起，南京农业大学组织开设教授开放研究课程，主要是结合教授的主要研究方向和学科前沿，面向本科生讲授该学科的主要研究工作、研究方法，以及最新研究进展。让学生了解学科前沿，掌握基本科学研究方法。积极推进并实施本科生导师制，聘任教授担任新生班班主任及学业导师，负责学生的思想引导、学业指导与学术前沿教育，将导师对学生创新能力的培养贯穿大学四年。在实验室人员方面，制定实验技术人员定期进修和培训制度，提高实验技术人员的专业知识水平和业务素质，鼓励实验技术人员在本领域不断创新，构建高水平、结构稳定的实践教学师资队伍。

(五) 加快推进实施农科专业学生的创新创业实践教育

创新创业教育是适应新时期经济社会和国家发展战略的需要而产生的一种教学理念与模式。2015 年 5 月，国务院办公厅发布《关于深化高等学校创新创业教育改革的实施意见》(以下简称《意见》)，要求在高等学校开展创新创业教育，以满足经济社会发展对应用型人才、复合型人才和拔尖创新型人才的需要。在高等学校中大力推进创新创业教育，对于促进高等教育科学发展、深化教育教学改革、提高人才培养质量具有重大的现实意义和长远的战略意义。《意见》指出，创新创业教育要面向全体学生，融入人才培养全过程。要在专业教育基础上，以转变教育思想、更新教育观念为先导，以提升学生的社会责任感、创新精神、创业意识和创业能力为核心，以改革人才培养模式和课程体系为重点，大力推进高等学校创新创业教育工作，不断提高人才培养质量。2018 年，南京农业大学成立了创新创业学院，旨在推进农科专业学生的创新创业实践教育，开展和组织各类创新创业类大赛，提高拔尖创新型卓越农科人才培养的质量。

第十章

新农科背景下人才培养的主要模式

第一节　新农科背景下智慧农业专业培养模式

人才培养模式是指“在一定的教育理论、教育思想指导下，按照特定的培养目标和人才规格，以相对稳定的教学内容和课程体系、管理制度和评估方式，实施人才培养过程的总和”。人才培养模式是教育质量的首要问题，人才培养模式改革是教学改革的核心内容。教育部《关于深化教师教育改革的意见》《关于大力推进教师教育课程改革的意见》等文件，均强调推进人才培养模式改革，提高高等学校育人质量，培养造就高素质专业化人才。新形势下，涉农高等院校如何适应课程改革和新农科专业化发展的要求，对人才培养模式进行多样化改革，并解决多样化培养模式中的教学质量保障问题，是值得研究的课题。

我国是一个农业大国，传统的农业耕作模式极大地限制了我国现代农业的发展。当下我国农业发展面临多方面的问题：一是传统农业耕作模式不但浪费大量的人力物力，农业整体利润较低，而且化肥农药的过度使用对环境造成巨大的危害；二是当下农村留守老人、儿童难以满足农业对劳动力的需求；三是农民的传统思想观念导致报考农学专业生源紧缺、生源质量差；四是传统农学专业毕业生就业待遇低、工作环境差、社会地位低等。为了发展我国现代农业，解决当下农业发展中存在的关键问题，提高我国农业经济的发展水平，“智慧农业”的概念顺势而生。我国的农业发展经过了 4 个阶段，即农业 1.0——以人力与畜力为主的传统农业，农业 2.0——机械化农业时代，农业 3.0——自动化农业时代，农业 4.0——以无人化为特征的智能农业时代。“智慧农业”作为现代农业的高级形式，经历了信息化、数字化、精确化和智慧化四个发展阶段，集物联网技术、云计算、大数据平台、互联网等新兴技术为一体，真正实现了智能感知、智能决策、智能分析。发展智慧农业已成为实现“产业兴旺、生态宜居、乡风文明、治理有效、生活富裕”乡村振兴蓝图的主要手段。因此，了解智慧农业发展特点，分析智慧农业发展过程中存在的问题以及人才需求，探索出一条新农科背景下智慧农业专业人才的培养模式，对培养具有多学科背景、高素质的复合应用型农林人才具有重要的意义。

一、智慧农业专业人才现状分析

自2016年以来，中央1号文件均对智慧农业进行了战略部署，并由关键技术研发向技术应用、产业发展转变。智慧农业已经成为推动我国农业现代化建设，实现乡村振兴的重要技术支撑。近年来，随着我国农业现代化建设步伐的不断加快，智慧农业建设已经初显成效。例如实施智慧农业示范项目，使得农户可以通过手机、计算机等信息终端，实现对农业信息的采集和管理；使用测土配方施肥信息服务系统，为农民精准施肥提供服务，真正做到农业增效、农民增收。然而，智慧农业发展仍然处在一个初步的阶段，依然面临着很多问题。例如，农民对智慧农业的内涵依然缺乏科学的认识，智慧农业发展的具体规划和政策不全面，高素质管理人才匮乏，从业人员素质偏低，其中人才培养问题尤其严重。智慧农业人才培养面临着传统的农学专业人才培养模式已经不能满足当代农业对人才的要求、对智慧农业缺乏正确的认识、传统思维限制了智慧农业生源数量和质量、智慧农业人才培养方向不明确等诸多问题。

（一）传统农业专业学生不能满足智慧农业的需求

农学是一门教学实践要求很高的专业。传统农学专业教学主要进行通识教育课程和专业教育课程的学习。此外，教学实践在农学专业教学中占有很大的比例。然而，在真正的教学过程中，一方面由于通识课程和专业理论课程比例增大，使得实践教学环节呈碎片式分布于各个学期，有时会造成学生还没有进行专业课学习，已经完成教学实践。另一方面，由于碎片式的实践教学以及作物生长周期的规律使得学生在四年内没有完成对作物整个生育期的系统管理和调查。很多农业高校处于城市，缺乏大量的试验田和实践场所，使得理论和实践不能达到有效统一，这也最终造成学生学习四年，不仅对本专业没有一个根本和清晰的认识，而且也没有达到企业对农业人才的要求。此外，传统农业教学部分虽然融入了生物技术、信息技术方面的课程，但是与传统农业融合度低，而且远远达不到智慧农业的要求。智慧农业是一门对专业理论认识和实践教学要求极高的专业，因此需要探索出一套新的适合智慧农业人才培养需求的培养方案。

（二）当代大学生对智慧农业了解不足

智慧农业作为一门新兴的专业，具有非常前沿的技术要求，具有跨专业、跨学院、跨学科的特点。然而，当代大学生存在对传统农业认知的局限，认为智慧农业仍然是做和农民一样的工作，对于智慧农业专业就业仍然停留在之前的认知，认为就是去基层、去农村、做农民、跑销售等，工作条件差、工资待遇低、发展前景小。

（三）传统思想限制了智慧农业生源数量和质量

生源的数量和质量直接关系智慧农业专业建设和人才培养。大部分人的思想依然停留在只要专业涉及农业就是农民的认知。根据对高三考生招生宣传情况可知，大部分的家长和学生只要看到农业就避而远之，他们认为辛苦考出去就是为了离开农村，这样的想法严重限制了智慧农业生源的数量和质量。针对目前农学专业学生的统计结果显示，大部分学生是非第一志愿选择的调剂考生，这也造成本专业学生刚到大学就想着调剂专业，造成好的生源流失。此外，学校是否为知名农业院校也是影响学生报考的另一方面原因。地方综合性大学由于知名度和所处位置偏远，也造成学生报考率和专业认可度双低的局面。

（四）智慧农业人才培养方向不明确

明确人才培养方向是学生培养方案中最重要的一环，它将直接决定未来人才培养的方向。未来我国加快智慧农业建设不仅仅需要具备农业基本知识和技能的实用型人才，也需要外语水平高、科研能力强的学术型人才。因此，要明确人才培养方向，是以学术型人才培养为主还是以实用型人才培养为主。然而，目前培养方式中并没有明确培养方向，最终造成培养的学生学术水平不高，也不具备农业基本知识和技能。

二、智慧农业专业本科生人才培养方式探讨

（一）加强智慧农业宣传和专业认知

针对目前普遍对农学专业认可度低的现状，积极开展智慧农业宣讲工作。联合教育、媒体部门，针对不同高中学校开展智慧农业专业介绍、专业人才培养模式介绍、就业前景等宣讲工作。此外，专业不定期开展高校开放日活动，对智慧农业科研平台、教学平台等进行开放，让家长和学生对智慧农业从根本上有一个直观和正确的认识。

（二）科学合理设置智慧农业专业课程体系

现代智慧农业发展呈现出多学科交叉、综合的特点，需要既大量掌握农业知识和技术，又具备一定的物联网、信息技术、现代农业机械知识的人才。课程设置方面在原有农学专业课程的基础上，加入农业信息学、人工智能、数字图像处理与分析、大数据、物联网等课程。大一开始智慧农业导论和计算机科学导论的学习。在大二进行大数据、Linux 操作系统、数据库的原理和应用课程的学习，并安排在计算机学院实验室进行理论教学实践。在大三进行人工智能导论、3S 原理与技术、数字图像处理与分析、物联网与传感器技术等课程

的学习，并安排到现代农业企业、智慧农业高校以及科研单位进行实践教学和交流参观。在大四进入企业进行工作实习，提前了解工作性质和内容。

（三）加强智慧农业相关师资队伍建设

智慧农业专业作为新专业，是一门多学科交叉融合的专业，除了需要懂基础的农学专业知识外，还需要了解物联网、大数据、人工智能等方面的知识。根据专业培养方案和课程设置，在农学院、计算机学院、机械工程与汽车学院遴选任课教师和实践教学指导老师，并聘任省内外高校、科研院所专家担任兼职导师，开展线上、线下搭配教学。此外，进一步加强教师队伍专业素养和教学能力建设。每年选出1～3名教师到国家农业信息化工程技术研究中心或者现代农业企业进行智慧农业理论及技术学习和培训；选派有发展潜力的中青年教师进行国外访学研修和学术交流；把科研能力强、教学水平高、爱岗敬业的优秀教师培养成学科、专业、课程的骨干，支撑学科、专业、课程建设；全职或兼职引进学术带头人、优秀青年博士，支持学科建设，打造一支高水平的、产学研相结合的师资队伍。

（四）构建卓越智慧农业人才培养实验班

开设前期，聊城大学联合国家农业信息化工程技术研究中心赵春江院士团队签订协议，成立“卓越智慧农业人才培养实验班”，为智慧农业专业建设积累经验。在学生学习原专业基础上，从农学院、计算机学院和机械与汽车工程学院跨学科遴选10名优秀学生成立“实验班”。“实验班”实施小班授课，并采用不同的培养模式。一是采取“专业＋”培养模式。第1年进行职业素养模块学习，开展通识教育，第2年和第3年进行专业技能模块和拓展技能模块的培养，开展本专业学习和多学科课程及前沿交叉课程学习，最后一年参与实践教学，并完成毕业设计。二是采用“2＋2”的培养模式。前两年在聊城大学进行学习，后两年在国家农业信息化工程技术研究中心进行专业技能提升和实践学习。三是对“实验班”学生开展双导师制的“二对一”个性化培养，按照一人一方案的原则，在导师指导下完成选课、学习计划的制定及科研训练方案。

（五）明确智慧农业人才培养方向

针对人才需求，有目的地进行智慧农业人才培养。对一些学术水平高，有扎实研究基础的高水平科研高校，开设“智慧农林实验班”“齐鲁学堂”等学术型班级，打造本硕博连读培养模式，培养英语水平高、科研能力强、具有国际视野的学术型专家。地方应用型大学通过自主招生，公费农科生等政策，定向培养校企、校和地方政府的应用型人才，为基层农业发展提供具有扎实农业基础知识和技能的实用型人才。

智慧农业是我国实施乡村振兴战略和发展科学技术的必然趋势。高校开设智慧农业专业是紧跟时代步伐，培养智慧农业人才的必然要求。智慧农业在我国尚处于初步发展阶段，对农学、信息技术、人工智能、物联网等多学科交叉复合型人才有着巨大需求。重视智慧农业专业建设，探索并实施有效的智慧农业专业人才培养策略，培养更加符合智慧农业发展的复合型人才，对于我国智慧农业现代化发展以及实施国家乡村振兴战略具有重要意义。

第二节　新农科背景下地方综合性大学农学专业人才培养模式

一、更新教学理念和观念

如何培养一批掌握现代化农业技术、综合素质高、知识结构合理、专业特色鲜明、具有创新精神和实践能力、适应社会主义市场经济发展、适应新农村建设和现代农业建设需要的农业科技人才，是高等农业院校在确定人才培养目标时必须考虑的问题。地方综合性大学农学专业人才培养需要紧紧围绕地方农业经济发展需要，转变教育思想观念，重新定位人才培养目标为：立足地方，面向全国，培养适用现代农业发展需要的应用型、复合型高级农业技术与管理人才。即充分利用地方综合性大学的资源优势，主动适应本省乃至全国农业发展的需要，进行农科类专业人才培养模式的改革，构建出具有鲜明地方特色的复合型人才培养模式。围绕新的培养模式，加强大学生人文素质教育，以科学研究促进教学质量提高，调整课程体系和优化教学内容，改革教学方法与手段，突出学生“四个能力”的培养，产、学、研相结合，为我国农业发展培养应用型、复合型高级农业技术与管理人才。

第一，通过与其他学科相互渗透，构建人才培养新模式。依托综合性大学优越的教学基础和条件，实行农、理、文交叉渗透，互为支撑，由专业单一口径向多口径方向发展，实现教学资源的优化组合与共享，促进人才培养质量的提高，探索出一条农科类创新型复合人才培养的成功之路。第二，通过开设第二专业，培养农科复合型人才。根据社会发展和学生的需要，开设第二学位、第二专业，并建立第二学位、第二专业联合培养的人才培养体系，形成第二专业人才培养的灵活模式，为农科类的学生提供良好的机会，有利于将他们培养成跨学科复合型人才。第三，根据地方特色农业发展特点和方向，拓宽专业口径，从主要培养“产中”人才向“产前”“产后”延伸，培养具有“全产业链”背景知识的复合人才。围绕地方农业特色优势产业，先后在农学专业设置农学、农业标准化与农产品贸易、药用植物资源开发与利用、种子科学与工程等专业方向；在植物保护专业设置植保与植检、农资经营与管理方向；在园艺专业设置果树、蔬菜、园林与花卉等方向；在农业资源与环境专业设置资源利用与信息技术、环境科学与技术方向。第四，在培养方案制定上，制定了“厚基础、高素质、宽口径、广适应”的专业特色明显的人才培养方案。厚基础就是加强基础课教学，加强外语、计算机等应用能力的培养，增强学生数理化基础及外语、计算机能力。宽口径就是按照农科大类不分专业招生，然后在第三学期按照专业或专业方向分流，以此来适应现代农业发展对高校人才培养的需要。

二、建设一支现代化农业师资队伍

1. 具备敬业爱岗、高尚职业情操的良好综合素质

坚持把师德师风作为创新创业高水平师资队伍建设的第一标准，强化师德师风建设顶层设计，健全考核制度和评价体系，完善教育引导、制度规范、监督约束、查处警示的师德建设长效机制，建立师德投诉举报平台，推动师德建设的常态化和长效化。引导广大教师以德立身、以德立学、以德施教，担负起学生健康成长的指导者和引路人的责任。

2. 具有宽广的知识面

不但要关注本学科专业，而且要关注新兴学科、交叉学科和前沿学科，尤其是与本学科专业领域相关的新技术、新产业，增强教育教学能力、实践教学能力和创新创业能力。

3. 具备解决实际产业问题的能力

能够运用多学科知识、原理和方法解决实际问题，掌握先进农业设备的基本操作方法，并且具备研发、创新的产业能力和应对挑战和处理未来问题的能力。通过国内外访学、短期进修、实践锻炼、技能培训和参与学术交流等活动，加大创新创业师资培训力度，全面提高创新创业导师理论素养和增强创业指导能力。

三、强化实践教学提高学生综合能力

首先，应当重点加强实践性教学。加强实践教学是培养创新人才的关键。根据农科实践性强的特点，逐步减少验证性、演示性实验，提高设计性、综合性实验的比例，注重教学实验的独立设课，增加独立设课的比例。按照基础实验课—专业基础实验课—专业实验课—专业方向实验课教学模块整合现有的实验课程。增设创新实验学分，由学生自立项目或参加指导教师的科研项目，激活学生在自主学习中的创新意识，发掘其创新潜能，建立“理论教学、实验教学、科学研究”三位一体的教学模式。改革传统的生产实习和毕业实习模式，设置综合实习模式（即生产实习和毕业实习结合进行），实验室实行开放管理，激发学生学习兴趣，拓展他们的视野，使他们能够尽快适应社会。

其次，整合资源，建设地方综合性大学农学院实验教学示范中心。在整合农学、园艺、植保、农业资源与环境等传统的植物类专业基础上，对植物生产类实验室、实验教学队伍、实验仪器设备等进行有机整合，高标准、严要求组建植物生产实验教学中心。实现资源共享，推动学生动手能力、创新能力的培养，促进学生在有限时间内提高自身综合实践能力。

最后，加强校外人才培养基地建设。除加强校内实习基地建设外，还要积极拓展校外实习基地。积极与地方农科院、农科所、农业局、农业示范园区、涉农企业等单位建立长期稳定的人才培养基地。校外基地有很好的创新研究平台或开发平台，可以为学院农科类创新人才的培养发挥重要作用。教师可以经常带学生深入实习基地，将理论学习与生产实践紧密结合，学生们不但可以学到大量生动、丰富的知识，体验新农村建设的苦与乐，而且可以在实践中锻炼自己，提高自己的综合素质。

第三节　新农科背景下创新创业型人才培养模式

中央 1 号文件自 2004 年以来连续 12 年聚焦“三农”问题，农业发展方式转变和结构调整已成为新常态。农科院校担负着普及农业知识与创新、推广、应用农业技术的重大使命，要强化特色、发挥优势，加大力度培养创新型农业专门技术人才，为推动农业转型升级提供人才支撑。党的十八大明确提出实施创新驱动发展战略，加快突破现代农业、资源环境等方面的重点、难点问题。李克强总理强调：“让一切想创新、能创新的人有机会、有舞台，让各类主体的创造潜能充分激发、释放出来，形成大众创业、万众创新的生动局面。”可见，创新创业教育已成为国家人才战略尤其是农科院校人才培养体系的重要组成部分。当前高校就业形势严峻，正面临着经济增速放缓、就业总量持续增加和结构性矛盾突出三重压力，农科院校尤为严重。一方面，受传统就业观的束缚，部分农科毕业生希望跳出“农门”，不愿从事农业生产，导致自身专业优势无法发挥而陷入被动的就业境地。另一方面，我国农业从业人员的综合素质偏低，以妇女和中老年人居多，而掌握现代科学生产管理技术的青年人才严重短缺。

一、创新创业型人才培养的含义

创新创业教育旨在提高大学生的创新能力和就业能力，是创新创业型人才培养的重要途径。2010 年教育部《关于大力推进高等学校创新创业教育和大学生自主创业工作的意见》指出：“创新创业教育要在专业教育基础上，以转变教育思想、更新教育观念为先导，以提升学生的社会责任感、创新精神、创业意识和创业能力为核心，以改革人才培养模式和课程体系为重点。”创新创业型人才培养正是将素质教育和创新教育融为一体，其目标在于打造具有扎实专业技能、强烈事业心和开拓精神的“工作岗位创造者”，而非“囫囵吞枣”式的去冒风险做大“企业”或过早地追求“功利性结果”的“创业莽夫”，是一种更为理性、更加系统深入、更具有社会价值的教育活动。高等院校创新创业型人才的培养必须基于对创新创业理念的正确认识，本着强基础、宽口径、保特色、重实践的原则，将创新创业课程融入各科课程的教学过程中，并为有创新创业意向的学生安排实用的专业技能训练，使学生具有较强的创新创业意识及解决问题的能力。

二、构建创新型人才培养模式的建议

农科院校创新创业型人才既要掌握现代农业基础知识又要熟悉农事生产实用技术，校内学习与社会实践都应重视而不可偏废。校内学习可以把创新创业教育教学纳入实验、实践和实习课程框架，而校外实践可以帮助学生更多地接触、了解和服务社会，通过加强在社会中的历练，进一步提高自身的创新创业素质。通过实施“大学生创业能力提升工程”，学生在多个方面都发生了极大的变化。

（一）构建学习交流平台，了解产业发展动态

创业实践过程中的参观学习和互动交流有多种形式。学校统一组织的到优秀企业和相关展会的参观学习、学校邀请的优秀企业家和行业专家进行的讲座、学生自发进行的到各个企业的实地观摩等不同形式的参观交流，可以使创业实践班的学生们充分认识到当前我国的农业尤其是设施农业产业存在的问题，与发达国家农业产业之间的差距。我国未来设施农业产业的发展将面向国际，向标准化、规模化、信息化、机械化、集约化转型，设施作物质量安全追溯系统、市场准入制度、精深加工与科技服务等相关领域亟须快速完善。此外，基于观赏性园艺作物栽培的阳台农业、休闲农业生态庄园正崭露头角并进入公众视野，具有极大的市场潜力。了解产业现状及发展趋势，可以使学生明确“将来做什么，如何做”，找准适合自己的创新创业定位。

（二）参与企业日常管理，提升自主创业意识

无论学生毕业后从事什么职业，在现代社会中，每个人都将不可避免不同程度地涉及“管理”。在创业实践过程中，学生在不同企业的不同岗位进行实践，与各种类型的人接触，完成安排任务，参与企业的日常管理。这个过程中，学生们实实在在了解到企业的运营模式，同时学习职场人际关系的处理技巧。随着对企业及企业运营模式认知的明晰，学生的自主创业意识得到了提升。

（三）接触农业高新科技，增强自主创业能力

现代企业的生存发展要求创业者必须具备良好的管理能力、社交能力和吃苦耐劳精神，但科技创新才是现代企业持续提高竞争力的根本手段。学生从课本上获得的知识与技能往往落后于生产力的发展，尤其是涉农专业学生甚至完全接触不到实际的农业领域，理论与实践脱节比较严重，现代农业高新科技接触得更少，缺少科技创新的支撑是诸多农科院校大学生创业失败的重要原因。通过创业实践，学生与蔬菜名优新品种、航天育种、工厂化育苗、立体化无土栽培、植物工厂、智能物联网、机器人种菜、太阳能沼气综合利用、蔬菜文化艺术景观等国内外农业高新科技实现零距离接触，在开阔眼界、提高兴趣的同时促使学生树立“创新驱动”的创业理念，在创业过程中紧跟现代农业发展步伐。

（四）发扬互帮互助作风，培养团队合作精神

由于学习和生活环境优越，当代大学生常常表现出过于自我、不顾及他人需求的特点。参加创业实践活动需要远离学校和家庭，而创业企业位于城市偏远郊区，食宿条件差、工作强度大、工作氛围陌生，这些都考验了学生的接受能力和适应能力。在以往的社会实践中，学生往往由于要单独面对艰苦环境而出现退缩和逃避实践的现象。创业实践班学生根据其所在企业形成不同的团队，并选出小组长。团队意味着精神上的契合、目标上的一致、行动上的配合、困难中的鼓励，最大限度地调动每一位团队成员的积极性，提高了工作效率。这种团队合作精神有助于激发学生发挥较高的自我效能，产生良好的学习迁移，为促进大学生创新创业营造优质、高效的良性循环机制。

（五）体验现代农业魅力，激发农业创业兴趣

“面朝黄土背朝天”是中国传统农民的形象，辛苦、劳累也是人们对农业的普遍认知，加之校内教育与社会实践的联结缺失，许多大学生认为农业枯燥没有发展前景，对从事农业行业日益失去兴趣，转而寻找城市地区或其他行业的机遇。通过创业实践活动参与现代农业龙头企业的生产经营管理、参观农业高科技成果展览会、近距离接触农业高新技术，彻底颠覆学生们对农业的传统认知，使其对高科技现代农业有了更深的向往，可以激发大学生的农业创业热情。特别是许多非涉农专业的学生对现代农业前景充满信心，明确表示自己将加强对前沿知识的学习与积累，依托高新科技在现代农业领域闯出新天地。当前教师在指导大学生职业选择时，建议学生正确评估自己的能力，职业的选择不一定要与本专业完全对口，可以“宽口径”就业，通过加强理论学习、强化实践锻炼，在未来创业、就业或继续深造时能够有较强的变通能力以适应不同的行业。

第四节 新农科背景下的“三融促教”人才培养模式

新时代背景下的新农科建设使我国地方农业院校创新人才培养模式的探索有了新思路。随着我国国民经济增长的速度越来越快，对高校人才的需求量也在逐渐增加，要求也越来越高，而高校是传播知识和培养人才的重要场所，农业院校作为高校的重要组成部分，长期以来因教育理念比较保守传统、人才培养的目标不明确、人才培养方案和模式过于死板等一系列因素，忽视了对创新人才的培养教育，在创新人才培养教育方面并没有深入展开研究，导致培养的人才不能更好地满足社会的需求，因此农业院校需要在新时期不断加大对创新人才培养的教育，勇敢探索创新人才培养的新模式，肩负起培养创新人才的重大责任，为国家的发展和社会的进步尽一份力。

一、实施“三融促教”创新人才培养模式的现实意义

“三融促教”创新人才培养的新模式，是指将产教融合、创教融合和赛教融合的再次融合，共同促进教育教学的创新人才培养模式。随着我国逐渐步入“众创时代”，越来越多的人选择了自主创业，高校对于创业的教育理念也在一步步发生转变，从传统的教育理念逐渐转变为重视对创新人才培养的教育理念，高校创业的主体也发生了很大的变化，创新创业理念逐渐发展成熟，创新人才的培养教育模式也在逐步建立和完善。“三融促教”创新人才培养模式是在“新时代国家创新驱动战略”背景下应运而生的，对地方农业院校创新人才的培养教育具有重要的指导意义。产教融合是指将产业与教育教学紧密结合，使之相辅相成，促进教育全面发展以提高人才培养质量。这有利于激发大学生的创新能力和创造能力，让他们在实践中不断探索、不断创新，很好地培养创新意识，并为大学生工读结合、勤工俭学带来了很大的机遇，也有利于教师实现将理论知识与生产实践的全面结合来提高自身的业务水平，以提高教学质量。创教融合是指将创新创业教育与专业知识教育相结合，可以更好地将创新创业教育融入专业课程教育及实践教育当中，重点培养具有高综合素质、高层次、高能力的创新型人才，有利于提升高校对创新人才培养教育的质量水平，有效地培养师生的创新意识和提升创新能力，达到预期的目标。赛教融合是指将技能比赛与创新创业教育结合起来，培养大学生的实践能力和创新能力。当今世界的竞争实际上是人才的竞争和科技的竞争，地方农业院校实施赛教融合有利于提高大学生的实践技能、增强创新能力，并有利于完善当前的教育模式和提高教学质量，进一步促进市场经济的发展，同时保证我国教育人才培养选拔的公正性。综上所述，地方农业院校实施“三融促教”创新人才培养的新模

式可以更好地促进创新教育的进一步发展，有利于学生提高实践技能、实践能力和综合素质，提高教学质量，实现“校企共育人、师生共进步”的伟大目标。还有利于培养高素质的创新型人才，有效解决我国专业人才培养与社会行业人才需求不同步的问题，有效促进我国农业经济的发展及社会高质量、高水平的发展，为现代农业的发展提供高效的服务，更好地促进地方农业院校实现转型发展。

二、“三融促教”创新人才培养的障碍

近年来在新农科建设的背景下，我国的高等教育一直在不断地进行改革，在教学目标和办学定位上取得了一些明显的成就，部分地方农业院校也大概明确了教育发展目标，开始重视对具有创新精神和创业能力的应用技术人才的培养，但总体来看，对创新人才的培养教育方面还是不太乐观，与创新型人才的培养要求还有很大的差距，很难与社会的发展需求做到与时俱进。

（一）创新人才培养理念和观念比较落后

教学观念对于应用什么样的教学方式具有决定性的作用，目前很多高校的教学仍然以传统的教学方式为主，以教师为主导力量，只是单方面给学生传递和灌输教学内容和教育知识，缺少双向的互动，以至于忽视了学生的主观能动性和创造性思维的发挥，忽视了学生在自主创新意识和创新能力方面的培养，抑制了创新型人才的成长。我国一些发达地区高校的创新型人才培养模式已逐渐走向成熟，在培养创新型人才方面也取得了显著成就，但地方农业院校的教育观念普遍比较保守，办学理念比较模糊，对于创新人才培养方面的知识比较欠缺，导致在创新型人才的培养教育方面比较落后，并没有完善的创新人才培养模式，所以这必定会是实施“三融促教”创新人才培养新模式过程中的一大障碍。

（二）人才培养目标不明确、培养模式缺乏创新

长期以来，由于多数地方农业院校人才培养过程缺乏创新、思路杂乱、目标模糊，缺乏对创新精神和创新能力的全面提升、缺乏可操作性和服务针对性，且学校开展的创新人才培养教育课程目前只是作为边缘性课程出现，一般都是将其设置为公共选修课，由学生自己选择，并没有强制性的要求，使得部分大学生不重视此类课程，从而导致学生的创新意识薄弱。再加上目前实施的人才培养模式缺乏创新，培养过程和课程设置缺乏合理性及独特性，而且由于对创新创业教育与专业知识教育之间的关系和理论教学与实践教学之间的关系认识不足、处理不当，导致创新人才培养教育方面存在许多问题。

（三）缺乏创新人才培养教育方面的专业教师

近年来我国地方农业院校的教育教学规模不断扩大，专业设置的种类也在

不断增多，导致出现了专业教师数量短缺的现象，尤其是专业教师队伍中从事科学研究、实验技术创新和生产方面的人员严重缺乏，且“三融促教”创新人才培养模式作为一种创新人才培养的新模式，对于教师队伍的要求更高。而目前我国地方农业院校的实践型教师严重缺乏，对创新人才培养教育模式真正了解的教师更是寥寥无几，部分教师也因专业知识教育教学任务多，几乎不会参加企业生产方面的实践，造成专业教师的教学理念、知识结构、实践能力不足以满足社会对于创新型人才培养的需求。

三、“三融促教”创新人才培养模式的建议

（一）明确“三融促教”创新人才培养新模式的教育理念及相关知识

对“三融促教”创新人才培养模式教育理念的了解程度和相关知识的熟悉程度直接关系地方农业院校能不能成功应用“三融促教”创新人才培养模式达到培养当今社会所需人才的效果。大学生创新实践能力的不断提升在一定程度上主要取决于高校的创新培养教学方案和实践教育教学模式，因此地方农业院校要明确大学创新人才培养教育课程的具体定位，将产教融合、创教融合和赛教融合三者再次融合的教育理念融入该校的创新教育计划中，积极组织学生参加创新技能比赛及创新实践教育项目，让学生能够在实践中不断提升创新能力。同时继续加强农业校园大学生创新教育实训基地的建设，利用自身资源优势优化教育模式和方法，让大学生不断积累实践经验，提升自身的创新意识和创新能力。

（二）加大创新人才培养力度，提升师生的创新意识

地方农业院校培养创新人才要始终坚持以人为本的教育理念，以德树人，在新农科建设背景下，结合“三融促教”创新人才培养新模式的教育理念和教学方式，利用院校自身优势选择学生需要的专业教学内容，进行相关的教学课程设置，加强对专业教师的创新培训，以达到理论教学与实践教学相结合、坚持专业课知识教学与实践技能教学相结合、坚持学生的共性发展和个性发展相结合的人才培养目标，增加对创新人才培养教育方面的知识扩充，认真贯彻我国创新人才培养新理念，全面积极引导学生主动培养创新意识和创新兴趣，以培养具有较强的专业知识理论和实践动手能力的专业型人才为基础，重点培养具有创新意识、创新思维、创新品格、创新能力的创新型人才。

（三）完善创新教育课程体系结构

寻找适合的独特教学体系，有针对性地加强创新人才培养方面的专业知识教育和实践技能教育，努力将创新创业教育融入各个专业教育教学的过程中去，始终贯彻产教融合、创教融合、赛教融合的人才培养教育理念，着力构建

完整的“三融促教”创新人才培养模式。在积极调整原有专业主干课程的同时，增加创新创业教育相关课程知识的培训，引导学生主动提升自身的创新能力，增加体现地方农业院校特色的创业课程，将产业与教学密切结合，共建实践课程。以专业知识和专业理论为基础，实现创新创业教育与专业教育的有效结合，全方位、多视角开拓学生的专业视野，最大限度挖掘学生创新潜力，提升学生的创新能力。

（四）加强创新人才培养教育师资队伍建设

地方农业院校的师资队伍直接关系该校创新人才培养模式的实施，创新人才培养教育能不能取得预期效果与师资队伍强不强有很大的关系，所以地方农业院校要积极引进开展创新教育方面的专业教师，努力扩大院校的创新教育师资队伍，并加强对创新人才培养师资队伍在创新知识方面的培训，全面提升创新能力。有效利用院校与企业合作的平台，鼓励教师深入与农业有关的企业岗位进行实践，丰富自身的实践经验，同时加强院校创新教育制度建设，积极探索建立完整的创新创业学分积累和转换制度，激励大学生在创新意识培养方面的兴趣和潜能。

随着时代的不断进步和经济的不断发展，解放劳动力、大力发展现代农业逐渐成为建设农业大国的必然发展趋势，而创新人才的培养是我国高等教育的重要内容，加快对地方农业院校创新人才的培养教育成为我国的一项紧迫而重要的战略任务。地方农业院校要积极改变我国现行教学模式中的不利因素，为创新人才的培养创造良好的条件，致力于构建实施完善的“三融促教”创新人才培养新模式，不断更新创新型人才培养模式的内容和方法，这将成为高等教育过程中的关键环节。

第五节　新农科背景下实用技能型人才培养模式

实用技能型人才是指在生产和服务等领域岗位一线，掌握专门知识和技术，具备一定的操作技能，并在工作实践中能够运用自己的技术和能力进行实际操作的人员。

一、实用技能型人才培养现状

一直以来，在传统观念的持续作用下，人们对农林专业以及行业认可度和重视程度不够高，绝大多数高中毕业生以及其父母在填报高考志愿时，对就业前景、行业需求、就业待遇等因素考虑较多，因此对农林专业认可度不高，直接导致涉农院校生源质量与同级别院校相比存在较大差距。植物生产类专业的毕业生超过一半倾向于考研深造，毕业后直接就业则倾向于到政府机关和国有企业，农学、园艺、园林等专业毕业生到基层从事本专业的就业倾向比例并不高。由此可见，农林专业学生扎根“三农”就业率不高。

除此以外，一方面，农林院校自身培养存在不足。在新农科建设背景下，如何把新农业、新农村、新农民、新生态有机融合，建设好我国高等教育中的农林学科，成为当前农林院校面临的难题。高等教育中的农林专业，不能局限于狭隘的传统专业，必须做到4个结合，即农工结合、农理结合、农医结合、农文结合，才能在发展的道路上形成理念百花齐放、学科互相融合、模式科学规范、质效精益求精的良好态势。另一方面，产教融合不够紧密也是大多数高校的现实状况。从人才培养角度来看，把课堂教学、实践生产、技能训练等多方面技能融合起来，是培养实用技能型农林人才不可缺少的环节。然而，在实际中不难发现，高校教师由于到企业挂职锻炼少，引进的具备行业丰富从业经验的教师少等因素，直接造成农林院校双师型教师缺乏，师资队伍结构“重理论轻实践”的现象还一定程度存在。由于校园专业实训基地的数量不足，加之以校企合作、校校合作衔接不够紧密，学生走出校园到企业实践少、到兄弟院校学习机会少，学生实训效果与产业衔接不够紧密、与生产实际衔接不够紧密、培养技能与岗位需求衔接不够紧密，高校培养的人才无法满足企业需求。在培养过程中企业参与度不够，培养的农林人才与企业生产、研发需求存在脱节现象，不仅没有发挥出企业在实用型人才培养上的管理优势、市场优势、资源优势、经验优势，而且也缺少对企业提供科技成果转化和科技成果输出的技术优势，达不到校企联合育人的优势互补作用。

二、新农科背景下实用技能型人才培养的价值

新农科建设驱动下的农林人才培养在本质上既是教育领域与农业领域的有效衔接，也是价值理性与工具理性的有机融合，具体表征为涉农高校的人才培养、科学研究、社会服务等职能的发挥。人才培养模式的改革是新农科建设的重要环节，深刻影响着社会对高素质的复合应用型农林人才的需求。因此，明晰新农科建设驱动下农林人才培养的价值逻辑，了解新时代农林人才的培养路径，对于指引农林人才培养模式的改革具有重要意义。

在人才培养的内涵意蕴上，新农科提出的“育卓越农林新才”的价值理念凸显了农林人才的培养导向（从“成才”到“成人”）的时代性需求。长期以来，由于生源结构单一、就业条件艰苦、职业前景不被看好等原因，导致涉农高校的农林人才不约而同面临着“下不去、留不住”的发展困境，反映出涉农高校的学生虽然“学农”，但是并不“爱农”的培养现状。“爱农”素养的缺乏，导致涉农高校农林专业的学生在毕业后大多不愿意回到农村就业，导致农村基层的农林人才严重匮乏。这一培养困境表明，承载立德树人和完满人格理

念的“成人追求”长期以来在农林人才培养中“退居幕后”，甚至被逐步消解或遗忘，致使农林教育的“价值理性”在就业决定论和经济决定论的裹挟中旁落。这种短视行为忽视了农林专业学生的价值发展和精神追求，在社会层面僭越了农林教育的育人性，导致学生难以从内在心灵中生长出支持其个体持续发展的内在根基和价值来源。

随着人文情怀在高等农林教育中的日渐疏失，农林教育的目的由人对职业发展的需求异化为职业对人的成长需求，学生在功利化的“成才”逻辑下开始片面追逐工具化成长，以工作好、前景好、有“钱”途等观念作为自己的学业追求。然而，“教育的本质在于成人、立人，其实质就是在祛昧的意义上建构理性和宣扬人道”，新农业、新农村、新农民、新生态的发展需要的不仅仅是懂技术、善经营的实用技能人才，更需要“爱农业、爱农村、爱农民”“下得去、留得住、离不开”的领军型农林人才。故而，“成人”的价值追求不仅不与“成才”逻辑相冲突，更是“成才”逻辑的递进发展。因此，新时代的高等农林教育必须承担起培养具有创新意识、复合型技能和完满人格农林人才的时代重任，以新农科建设的有利契机为依托，创新人才培养模式，加强农科学生的“三农”情怀教育和“家国情怀”培育。如此才能在满足农业教育职业性需求和学生学业进步的同时，促进农林人才的灵魂性启蒙和精神性培育，真正为农业 4.0 的发展和农业农村现代化的建设蓄满人才“储备池”。

三、新农科背景下实用技能型人才培养的建议

高等院校教育的目的除了培养学生具备过硬的专业知识和过硬的技能外，更重要的是培养学生的专业自豪感与荣誉感。在日常教学中，必须把爱岗敬业教育融入日常教学、学习、管理和生活中。院校要从专业建设的角度出发，在日常学习、生活中，加强教育引导，用先进典型事迹引导，靠“课堂思政”教育，在潜移默化中点燃农林专业学生投身农林行业干事创业的激情和热情。同时，各地方政府也要结合新农科现状，因地制宜制定相关专业建设以及农林人才培育的激励政策，尤其是针对农林专业学生，适当增设实训奖学金、提供相关企业定向就业岗位等利好政策，解决农林专业学生在就业以及待遇等方面的后顾之忧，在制度上帮助农林专业学生培塑“好学有技术、学好有岗位”的意识。

第十一章

新农科人才培养的质量保障体系

第一节　传统农科人才培养质量及其保障体系存在的问题

随着经济结构转型和产业升级的加快，高等教育的结构性矛盾也日益突出，人才培养的同质化日益凸显，应用型本科高校特色化、错位化发展已经成为迫切需要和普遍共识。过去的高等教育普遍存在对教师教得如何关注得较多，对学生学得如何关注得较少；对办学条件关注得较多，对学生发展关注得较少；对质量标准关注得较多，对标准的执行结果关注得较少；对是否开设了课程关注得较多，对课程内容和学生学到了什么关注得较少；对是否有评价关注得较多，对评价后是否改善关注得较少；对过程性资料关注得较多，对结果性评价关注得较少；对知识、能力教育关注得较多，对素质教育关注得较少。这些都是导致人才培养质量不高的原因。

我国大多数普通高校在人才培养过程中，往往缺乏对自身办学条件、学科优势的考量，盲目跟从市场需求进行教学专业、教学内容的组织，从而导致其在人才培养中教学质量的低下。特别对于那些综合类院校而言，在人才培养中缺乏清晰定位，一方面，简陋的教学资源难以完成学科课程的内容教学；另一方面，教师所传达的学科理论也无法满足企业对综合性人才的需求。

一、人才培养教学内容及教学方式单一

高校专业教学内容、教学方式的单一化，使得人才培养的课程教学缺乏创新性，课程教学与社会企业之间也缺乏关联性。在我国互联网信息技术快速发展的背景下，部分本科院校仍旧以传统教材、理论知识的传授为主，学生在长期专业知识的学习中，不仅会产生理论学习的倦怠感，也会更加疏于课程内容实践、工程项目实践的操作，这造成了人才培养过程中学生理论结合实践能力、动手操作能力不足。另外，教师一味注重基本理论、实验原理的教学，忽视对学生创新能力的培养，最终导致学生在创新实践中的懈怠或抵触情绪，不

同学科专业的发展也会受到负面影响。

二、高校人才培养与企业缺乏交流合作

现阶段我国普通高校施行的人才培养模式，是集产、学、研等内容于一体的教育教学，学校内部建设有专供学生进行理论学习、科学研究及工程实践的部门。但从当下各高等院校的发展状况来看，多数高校不具备独立进行科研、社会实践的条件，专业理论教学与企业实践之间也缺乏联系，这种过于陈旧化、固定化的人才培养教育，不仅不能保证学生专业课内容的学习，也会使学生的创业创新能力、社会实践能力等严重下降。

三、人才培养质量保障与监控体系不足

高校现行的人才培养质量保障与监控体系，通常将管理与监控重点放在学科或专业教学流程、理论学习的监督上，缺乏对教学实践、学习实践环节的监控。而教师对学生人才培养的根本目标，在于加强其对理论知识、专业实践技能的掌握，帮助其在学习中不断应用知识，解决社会或企业面临的问题。因此从这一角度来看，目前高校人才培养质量的监控与保障，仍旧停留在教学任务、学习任务完成的低级层面，包括对教师教学传达、学生出勤率、学习质量等的监督，忽视了对学生课程实践能力、创新能力等技能的培养。

对于人才培养质量的监督与控制，高校主要从专业招生、办学条件、课程教学、人才考核、毕业生质量等多个方面，制定教育教学管理与控制的标准。但不同高校在教师、学生或教育管理等方面的质量监控中，一方面缺乏对教学督导制度的协调，使得不同专业的人才培养、教学质量的监督千篇一律；另一方面现有的人才培养质量监控体系缺乏对教学工作、学生学习等环节的管理规范，很多监控标准无法应用到实际管理工作中，导致教学质量的监控流于形式。同时，高校对教学监控督导人员的管理也缺乏相关督导制度对其进行约束。督导人员在执行教育教学管理、监督工作时，没有明确的工作纪律、工作方式及工作要求，无法准确对其工作情况进行评价与管理。某些督导人员所承担的工作量大，对教学计划、教学课程的开展有较大职权，所以其很可能会出现过度监管、徇私舞弊的情况；而某些督导人员的工作量小，在开展人才培养质量保障与监控的过程中，有可能存在监督失职、管理懈怠的问题，并造成管理人员的监督与指导作用无法发挥。

高校人才培养质量的评价体系不完善。我国多数高校所开展的教学评价，通常包括领导评教、学生评教、专家评教与同行评教等内容，并对多个评价主体的评教结果进行综合，得出最终人才培养质量的评价结论。但教学质量评价缺乏目标性、评价标准单一、教师缺乏对自我的督导与评价等，成为教师教学

评价中面临的主要问题。首先，人才培养质量的评价标准单一。高校教育部门会在教学评价前，设置人才培养、教学质量的评价表格，评价表格中存在着一系列的固定条目，不同评价内容中还有着多项评价标准，评价人员只需选择“满意或不满意”，或者在某一条目中打分，就能够完成对教师教学活动的评价。其次，高校人才培养质量的评价缺乏目标性。高校领导评教、专家或学生等在教学评价中，往往会根据利益取向或自身的主观思考，作出课程教学的评价，这一教学评价缺乏对教师真实教学的考量，得出的结果也缺乏目标性、客观性。最后，多数教师没有对自身的人才培养质量进行全面、客观的评价。以他评为主的教学质量评价制度不足以反映教师在课程教学实践中的真实情况。

第二节　新农科人才培养质量保障体系的构建目标和内容

一、构建目标

以产业发展需求对人才培养的规格要求为导向，以应用型人才培养为定位，建立一套人才培养质量管理信息平台。建立人才培养过程监测大数据，并通过目标达成度、贡献度、满意度、支撑度、引领度的分析，推动教学决策、投入保障、教学运行、教学评价体系的不断改进，最终形成教学组织指挥闭环、教学运行保障闭环和教学质量改进闭环，实现人才培养质量标准化、科学化、信息化，过程监控全程化、信息反馈多元化、教学改进连续化的保障体系建设。

人们常把人才培养目标、规格、教学制度等“输入”性的质量要素和课程设置、培养方式、培养途径、教育教学组织方式等属于“过程”性的质量要素，从“厚度、深度、宽度、丰度、活度、强度、频度”七个方面考察、评价并建立当前农科人才培养质量保障体系。

（一）厚度

厚度指基础理论知识的厚实程度，主要体现为人文、社会、自然科学的通识基础和学科专业基础。不同层次和类型的高校可根据自身的定位进行不同的厚度设计。中外大学发展的共同趋势是日益重视通识教育，以期使专精教学导向的大学教育补偏救失，使大学生除了有专门的知识、技能之外，更能有广博的见识，在精深的研究当中能有通达的人生。

（二）深度

学科专业知识的深度主要体现为“学术性”。“深度”的设计由人才培养的规格决定，反映在课程体系中学科专业课程配置上。各专业的学科专业课程学时按学分分配，必须保证学生对所学学科知识有比较全面、系统、透彻的理解和掌握，且了解本学科发展的最新成就，能预测本学科的发展趋势。

（三）宽度

宽度指专业方向口径的宽阔程度，也指知识领域的宽度。为了适应教育、科技发展和经济全球化的需要，高校必须调整专业结构、课程体系和教学管理体制，构建宽口径人才培养平台，在宽口径专业内灵活设置专业方向，鼓励设置交叉学科专业，淡化小专业意识，树立大专业思想，课程设置上从培养学生对知识的综合掌握能力、运用能力和创新能力出发，进行基础课、专业课、理论类课程、实践类课程的整合甚至重新设计，体现“通才＋专才”“合格＋特色”的特点，培养素质和能力协调统一发展的复合型人才。

（四）丰度

丰度指课程在若干知识领域分布的丰富程度。“丰度”受高校办学实力特别是师资力量和课程资源的制约，也受学生自身不同个性要求的制约。近年来，各高校为了拓展学生的学习领域，一般都采用适当压缩必修课程和学时，增加选修课程门类的方式，增强课程体系的综合化程度。

（五）活度

活度指提供给学生选择专业、选择课程、选择学习进程的灵活性。“活度”主要体现在教学组织制度方面，取决于高校的文化积淀与管理水平，也受高校办学实力制约。主辅修制和学分制是提高“活度”的有效举措，能体现以学生为本和因材施教，提高学生学习的自主性，满足学生个性化发展的需求。

（六）强度

强度指实践性知识训练的强度。实践教学的安排取决于高校人才培养目标定位、管理者的教育思想和观念，也受制于院校的办学条件。重视加强实验教学中心、创新教育平台、校内实训基地、校外实践基地建设，构建多元化的实践教学体系，增加实践教学课时，延长实习实训时间，丰富实践教学形式，是提高学生实践能力的有效方略。

（七）频度

频度指各类课外活动的种类和频次。学校的文化氛围要浓厚，就要增强学术讲座、论坛、沙龙、社团活动、课外科技活动、文体娱乐、社会实践活动等活动的种类和频次。按广义课程来说，这些活动都是形成学生实践经验的重要内容，是人才培养模式多样化必不可少的因素。频度也有利于促进强度的达成。

不同类型、不同规格的人才培养都有这“七度”方面的要求，只是培养精英人才和培养应用型人才在“度”上的要求有所不同。不同要素的突显与结合可分别满足“上手快”“后劲足”“适应广”的不同社会需求。以上“七度”既体现了教学质量功能性、适应性、满意度的要求，也充分体现了基础教育对教师培养质量的多样化需要。

二、构建内容

围绕人才培养目标、计划、运行、检查、反馈、改进的主线，建立系统化、一体化的人才培养质量保障目标体系、组织体系、标准体系、监控体系、评估体系和反馈体系六大系统。以产业发展需求和《普通高等学校本科专业类教学质量国家标准》为依据，建立“以人才培养规格为导向”的人才培养目标体系；以人才培养目标为依据，建立“以学生发展为中心”的人才培养质量标准体系；以人才培养质量标准为依据，建立“以评学为导向”的，定期与随机相结合、过程与结果相结合、全面与专项相结合、自我与三方相结合的质量监控体系和评估评价体系；以人才培养目标和评估评价目标为依据，建立“以持续改进为目标”的反馈与改进体系，形成质量保障闭环。支撑以上体系正常运转的“人才培养质量管理信息平台”和基于“教学质量大数据分析”的教学组织、决策、运营体系核心内容如下。

（一）专业人才培养目标的确立与修订

基于产业发展需求、人才培养目标定位和办学要求、毕业生信息反馈、就业单位信息反馈、教学质量国家标准，确立专业人才培养目标及培养方案，并根据人才培养质量控制体系在运行过程中的反馈信息和质量改进方案对人才培养方案进行动态调整。

（二）建立人才培养目标与第一、第二课堂教学关系矩阵

通过对人才培养目标（知识、素质、能力）的拆解，建立起与第一、第二课堂教学目标的对应关系，确立第一、第二课堂各课程的知识、素质、能力目标点。

（三）依据课程培养目标推进第一、第二课堂的课程建设

以教学单元为基本建设单位，按照教学目标、教学导入、教学场景、教学内容、教学逻辑、教学模式、教学考核等设计教学过程。以学生为中心、以评学为导向设计过程性和结果性教学质量监测评价点，并且将素质教育植入每一个教学单元。

（四）建设人才培养质量管理信息平台

将专业、课程、师资、资源，教学过程、教学结果以及人才培养的内外部利益相关方的反馈进行全信息化管理，动态搜集人才培养过程信息、结果信息和评价信息，形成教学质量大数据累积。

定期以结果为导向，基于教学质量大数据对人才培养的达成度、贡献度、

满意度、支撑度、引领度进行分析，根据分析结果，进行教学决策、教学目标、教学投入、教学运行管理、教学监控评价的改进。以人才培养质量为导向，完善学生多元综合考核评价体系和教职员工多元综合绩效评价体系，推行体制机制改革和激励约束机制改革，形成完整的教学质量保障体系。

第三节　新农科人才培养质量保障体系的组织建设

美国教育学家德里克·博克指出，“大学是一个利益相关者组织”。高校人才培养质量保障需要利益相关者组织之间密切联系、有效互动，构建协同保障的运行机制。高校人才培养质量保障组织体系包括外部组织体系和内部组织体系。高校在人才培养质量管理过程中，应重视协同内外部组织体系中的各个要素，实现各要素之间的和谐发展，不断健全公共管理类专业人才培养质量保障组织体系，确保公共管理类专业人才培养质量。就外部质量保障组织而言，高校不是被动地接受相关组织、部门和社会的监督与评价，而是主动“引进来”，请他们为人才培养“把脉”，及时纠正偏差和不断凝练特色，促使人才培养符合行业发展实际需求。主动“引进来”的这些专家将为学校如何兼顾主流与突显特色、如何保障人才培养质量提出建设性意见和建议。相关高校相近学科的院长、系主任、教师通过介绍自己的学科专业建设、人才培养工作，交流育人经验，请国内外农科学界高水平专家指点学科发展方向和讲解人才培养最新要求和实际的人才需求，促使学校以更开阔的视野保障人才培养质量。同时，高校还应经常邀请基层政府部门负责人、用人单位负责人、往届毕业生等来校做报告、开座谈会等，认真听取他们对农科专业人才培养的建议。就内部质量保障组织而言，高校应以“校、系、教学团队”三级质量保障组织为基础，合理组建人才培养质量监督组织，协调、监督校内三级质量保障组织，组织成员包括教学管理人员、教师、学生等，由学校教务处负责人才培养环节的日常管理、学校督导处负责人才培养质量的监督评估、学院领导和教学团队成员负责人才培养质量保障的具体落实，同时要充分听取学生的评教意见，杜绝“水课”，打造“金课”，以此做好人才培养质量的“自检”“自评”“自改”与“迎检”“迎监”“迎评”工作。同时，高校在人才培养过程中，经过多年实践探索和总结，应全面提炼形成具有自身特点的育人模式，全体教职员工全过程、全方位对人才进行培养，帮助学生根据自身特点制定个性化的成长成才方案和职业发展规划，确保每个学生都能成长与成才。

一、培养方案的质量监控是教学过程质量管理的起点

在构建多样化人才培养模式中，人才培养方案是否体现了国家教育方针，

是否实现了专业培养目标，能否反映社会对人才培养的规格和质量要求，需要请学科专家进行评估，主要是评价以下方面：课程结构中各类课程的学时比例；课程内容的先进性、前沿性；课程设置顺序；各教学环节特别是实践环节教学时间的安排等。培养方案评估是对教学质量监控的依据所做的评估，因而是最重要的质量保障活动。高校要根据专家意见进行调整，每学期对培养方案执行情况进行反馈，必要时做出调整。

二、课程质量监控是教学质量保障的重点

在多样化人才培养模式下，课程作为“产品”由学生自主选择，课程质量监控就必须成为教学质量保障的重点。首先，从课程在教学质量形成中的地位和作用看，课程把学生、教师、教材、教学方法与手段等教学过程要素连接起来，课程是传授高深专门学问、形成能力与提高素质的主要途径，是实现人才培养目标的核心要素。课程的这种特殊作用，使得过程质量控制必须从课程入手。其次，从课程和课程模块本身的性质看，课程、课程模块的单元性质，课程组合形式的多元性质，使学生的多样化选择更加便捷，也使质量控制便于实施。最后，从广义的课程概念看，课程是学生在学校指导下所获得的全部经验，是实现人才培养模式多样化的切入点和着力点，课程质量监控还应包括教育实习、专业实习、教育调查、课外科技文化活动、假期社会实践。教学评估是教学质量保障活动的有效环节，其目的是为了诊断和改进教学。只有通过评估才能知道教学质量监控的有效性。课程管理是过程质量管理的重点，课程评估也应是教学评估的重点。院系和教研室是教学质量管理与监控的实体组织，教学目标的达成度和学生的满意度是衡量课程质量的准则。因此，院系和教研室要通过定期评估教学目标的达成度，通过经常性的听课、评课和定期测评学生的满意度，促成教学的切实改进。

三、导师制是多样化人才培养模式的重要质量保障机制

课程设置的“丰度”要求学生进行研究性学习，教学组织方式的“活度”给学生以更大的选择性。在这种情况下，学生的学习和选择必然要求教师的指导。实行导师制是转变学生学习方式、实行学分制的配套改革，也是对传统教学组织方式中师生关系淡漠的改进措施，是多样化人才培养模式的重要质量保障机制。导师制不仅对学生的学业发展有促进作用，对学生的精神发展也有重要促进作用。实行导师制要做好这三方面：一是按平等、相互理解的原则，确立相互间的责任和义务关系；二是明确指导的内容和项目，如研究性学习的方向，书目和文献阅读量，学习生涯和课程选择，职业生涯规划和专业选修课程体系设计等；三是制定导师的目标任务和考核办法，对导师履行职责情况及指

导效果进行考核管理。

四、第二课堂活动、实践教学目标刚性化是教学质量保障的重要环节

第二课堂和实践教学活动在人才培养质量形成上很有意义，但第二课堂和实践教学活动的目标任务却是柔性的。如果我们把课堂教学比作炼钢炉中的铁元素，第二课堂活动和实践教学活动则是微量元素，这种微量元素的存在使钢的结构、性能有了很大变化。保障第二课堂活动和实践教学活动的质量，要从目标达成度和学生满意度着眼，以培养学生实践能力为着重点，组织好课外文化活动和社会实践活动，提升学生的专业技能素养，实现第二课堂活动目标任务的刚性化，杜绝实践活动中存在的形式化倾向。

五、发挥学生在构建多样化人才培养模式中的主体作用

在市场经济体制已经确立，高校人才培养体制改革日益深化的背景下，学生可从就业市场和用人单位获得较为准确的社会需求信息。这些信息对确定专业方向、人才培养模式的改革，课程体系设置、教学内容与方式的改革以及职业技能的训练要求，具有重要的参考价值。学生对自身成长需求和职业生涯规划更有决定权，对教师责任心的大小、精力投入的多少、教学效果的好坏最有发言权。因此，学生是构建多样化人才培养模式的主体。学生通过选择专业、课程、学习方式，构建个性化的培养模式。学生参与教学管理也是教学质量监控的重要一环。高校应在观念转变的基础上进行组织构建、制度构建，建立学生参与教学管理的网络型组织，扩大学生参与的广度、深度和频度，在制度上保证学生参与管理的机制化运行。

第四节　新农科人才培养质量保障体系的优化

高等教育质量问题一直是世界各国普遍存在和普遍关心的问题，有效地保障高等教育的质量，已成为大家的共识。人才培养质量是高等教育质量的核心，是高等教育得以持续发展的基础。保障人才培养的目标和质量，就必须对人才培养过程与培养质量进行深入和全面的分析。

一、新农科人才培养质量保障的特征

（一）多样性

对人才质量的认识不同，就有从不同角度关注质量保障体系运作的结果。

“扩招”加速了我国高等教育大众化的进程，从精英教育到大众化教育必将引起教育观念、教育体制、教育结构、教育模式等一系列重大变化。再考虑经济全球化和我国已经加入 WTO 的背景因素，我国高等教育必然要朝教育全球化、产业化、市场化、多样化、区域化发展。高等教育的大众化乃至普及化，必然导致高等教育多元化，即办学体制、办学形式以及人才培养目标的多元化，最终导致高等教育人才培养质量标准的多样化，从而引起人才质量观的转变。过去那种质量观念和衡量标准显然不符合时代对人才的要求。此外，终身教育概念的形成和教育必须满足学生个性发展的需要，决定了人才培养质量具有多层面、多样性的特征。从质量衡量标准角度看，不同的质量要求就有不同的质量保障内容，如可从学术、管理的角度来谈人才质量与质量保障；从政府或个人受教育的角度来谈人才质量与质量保障；从社会用人单位、高等学校本身的角度来谈人才质量与质量保障。不同角度的保障方法既有共性又有差异，呈现出多样性特征。人才质量的多样性要求我们采取的质量保障措施应有针对性和侧重点。

（二）交互性

保障人才培养质量就是保证高校学生培养全过程的质量。高校培养过程是一个从市场调研、专业论证开始到毕业教育及就业指导，逐渐培养具有基础知识与专业知识的人的过程，是一个“起点—过程—终点”的交互的过程。培养人才必须进行社会市场调查，确定人才的培养目标和规格。只有了解社会对人才的需求，质量标准才有依据。根据市场调研的结果进行专业论证，分析设置什么专业能满足社会的需要并为社会所欢迎，设置该专业的基础与办学条件，制定专业招生和培养计划，这是人才培养的“起点”。“过程”是从学生入学教育开始，进行以素质教育为核心的培养过程，如通过理论教学、实践教学等各个教学环节，为学生提供个性发展所需的教育服务。在学生完成学习走向社会时，还须对学生进行毕业教育、就业指导。“终点”就是对高等学校输出的毕业生进行跟踪调查，收集社会和用人单位的反馈信息以及毕业生本人的工作感受。“终点”是人才培养的一个不可或缺的后续工作，可对“起点”的定位、“过程”的质量作出客观的评价，并为人才的规格和目标、培养过程的修整提供依据。可以说，“终点”也是“起点”，是人才培养过程中更高一层的“起点”。“终点”与“起点”的位置不同，但作用相似。正是“起点的质量”“过程的质量”“终点的质量”这三者的交互作用，保障了高等学校人才培养的质量。

（三）开放性与动态性

高等学校作为社会经济中的一个子系统，必然受到社会大环境的影响。高等学校如同一个转换器，将社会环境的输入（如生源、资金、物质、信息等资源）转换为输出（如人才、服务等），以满足社会的需求和个人发展的需要。社会环境对高等教育质量的作用是通过向高等学校输入生源、资金、物质、信息及人才需求进行的，其中培养人才是维系高等学校输出和社会环境输入的核心纽带。处于任何社会环境中的高等学校都在利用环境输入的同时受社会环境的影响，如高等学校必须以社会的需求作为人才培养的现实目标。当然，社会对人才需求的多样性、变动性和功利性与人才培养的相对稳定性之间会有矛盾，这就要求高等学校对此进行管理，提高高等学校开放性，尽可能获取社会环境资源，以促进人才培养质量的提高。当高等学校向社会提供的是“适销对路”的人才或服务时，会提高高等学校声誉，从而吸引更多的社会资源输入，高等学校自身规模也会扩大；相反，当高等学校向社会提供的是不需要、不合格的毕业生时，则会损坏高等学校的形象。同时社会环境输入具有明显的动态性，这就要求高等学校要善于把握时机。比如，高等学校根据对社会的调查与预测，了解到市场对某种专业或某种规格的人才的需求，并适时推出了这种人才，则满足了社会需要，促进了环境发展；当社会或市场需求状况发生很大变化，某种专业或某种规格的人才不再符合社会需要时，若高等学校继续培养，则只会造成资源浪费，降低办学效率。因此，社会环境输入资源的过程就是一种对人才培养质量的监督、评价和保障的过程。

二、新农科人才培养质量保障体系的条件优化

高校办学条件是高校人才培养质量保障体系的重要组成部分。经过多年的发展，我国大部分高校的绝大多数专业的基本办学条件得到了很大改善，办学条件改善的重心已经转向提升教师队伍质量、搞好精品课程与优秀教材建设、加强实习实训基地建设等核心要素的数量和质量方面。高校应该积极采取措施，不断优化农科类专业人才培养的各项条件，为培养高质量的新农科专业人才提供保障。

（一）提升教师队伍水平

教师是教育事业发展的基础，是提高教育质量和办好人民满意的教育的关键，教师质量已成为国际教育竞争的核心要素。《国务院关于加强教师队伍建设的意见》等文件的出台，把对教师队伍建设的重视提高到一个新的战略高度。教师队伍水平是决定高校人才培养质量的关键要素。国内高校都致力于打造一支高水平的专业教师队伍，很多高校通过制定一系列相关文件和制度，在积极引进国内高水平大学博士的同时，鼓励教师攻读博士、外出访学和参加国内外学术会议，使专业教师数量得到极大的补充，教师整体水平得到极大提升。此外，一些高校还积极聘请国内外知名学者成为学校兼职教授，邀请学界和业界专家来校授课和开展学术讲座，使师生及时掌握农业学科发展的最新动

态。这些措施都极大地改变了高校师资力量不足、高水平师资严重短缺的情况，对保障新农科人才培养及科学研究质量起到了促进作用。

（二）搞好课程改革与建设

课程是高等学校实施人才培养的主要载体。高校在瞄准人才培养目标的同时，应紧跟“三农”发展新形势和新使命，以专业能力培养为核心，调结构补短板、入主流凸特色，不断优化课程结构。以课程内容更新为落脚点，将科学研究最新成果引入课程，更新课程内容，帮助学生发现、分析和解决“三农”中的实际问题。以教学方法创新为切入点，积极探讨和践行案例教学，构建课程建设、系列教材、案例库建设“三位一体”的案例教学体系，不断优化课程教学方法，提高人才培养质量。

（三）加强实习实践基地建设

实习实训是培养大学生专业实践能力的重要途径。高校应秉承“资源共享、互惠共赢”的理念，采用“校府共建”“校社合作”等方式，加强高水平农科专业人才培养实习实践教学基地建设，与政府、企业、科研单位等部门合作建立实践教学基地，实现学校、学生、教师与政府、社会组织等多方共赢。为确保专业人才培养实践教学基地有效运行和功能充分发挥，高校应制定符合本校实际情况的《专业实习教学基地管理规定》，构建校内、校外与学生自我管理相结合的三方管理机制，实现校内管理、校外基地现场管理制度化、科学化和规范化，实现了学生自我管理的主动化与自觉化。同时，为实现实践教学基地稳定、可持续发展，高校应构建师资、时间、场地和经费“四维”支撑保障体系，确保学生在实习中有高水平教师的指导、充足的时间与科学的时间安排、高标准的实习场地和充足的专项实习经费。

第五节　新农科人才培养质量的监控

我国高等教育在持续扩大规模过程中，要继续全面保障人才培养质量，必须制定相应的人才培养质量保障与评估机制。本书认为，在高等教育大众化阶段开展人才培养质量的保障工作，应建立内外结合的 4 级人才培养质量保障与评估系统。

一、健全培养过程质量控制机制

根据新农科人才培养标准和“三农”发展需要，在专业人才培养目标、培养规格和培养方案的研讨和修订过程中，应当建立由校内外专家、用人单位、毕业生等多方参与的机制，从人才培养的起点就充分接受各方监督和听取各方意见，做到把监控作为质量保障的起点。同时，根据新农科人才培养质量要求，建立全面系统的课堂教育质量反馈、实践实习教学检查、毕业论文监控、全面育人工作等完善的评估机制，不仅注重结果监控，而且突出全程性监控，把评估作为落脚点，不断促进和提高人才培养质量。

（一）内部保障系统

内部保障是质量保障的核心工作，也是高等学校自身的责任。内部保障系统应从以下几方面开展。一是要努力提高办学条件。办学条件是保障人才培养质量的基础。在人才市场调研和预测的基础上，学校在设置专业时一定要从实际出发加强专业建设，包括课程设置、教材建设、教学设施建设和师资队伍配备等，任何一方面的缺陷都会影响专业的质量。二是要全面构建合理的人才培养方案。合理的人才培养方案是保证人才培养质量的关键。人才培养体系包括招生、培养、论文答辩、学位授予、品德教育、就业指导等环节，其中培养过程是核心环节。在人才培养过程中，高等学校应根据教育方针、人才培养目标和规格，对学生德、智、体等方面提出明确而具体的要求；通过设置合理的课程体系，促进学生个性和特长的发展，提高学生的素质和能力。三是要把质量监控体系贯穿于整个教学过程。教学质量评价活动是对教学的目的、目标、需要和期望进行评价和诊断。高校应建立教学状态信息系统，了解和收集学校各种教学状态（校风、学风、教风）信息，及时反馈到学校管理层和职能部门。评价活动应涉及全校教学的各个环节，对教学质量进行较全面的调研、评价，以促进建设和整改，保证人才培养质量。质量监控体系还包括学生评教活动，评教信息应及时反馈给教师，以便教师改进工作。为提高对教师课堂教学质量评价的客观性和准确性，可将校级教学质量评价活动、院系级教学质量评价活动和学生评教三方面的情况进行综合判断。四是要制定质量奖励制度。建立与市场经济相适应的教学质量激励与约束机制是保障人才培养过程质量的有效措施。对高等学校的各个部门、各个单位和各个岗位，对教学系统、科研系统、职能管理系统和服务系统都应制定相应的奖罚制度，把质量业绩与个人发展、经济收入、职务职称评聘挂钩，以促进教职员工的质量意识。五是建立质量信息反馈体系。对毕业生进行跟踪调查，收集用人单位对毕业生的反馈信息，进一步提高和完善人才培养质量。

（二）质量检查机制

质量检查由高等教育管理部门负责进行。高等教育管理部门在高等教育质量保障工作中，希望通过对教育质量进行定期或随机的评估和检查，加强对高等学校办学的监控，促使高等学校改进办学条件、提高办学效益和人才培养质量。高等教育管理部门从内部管理和社会责任两方面出发，在业内实施高等教育质量检查和评价机制，是保证高等教育健康发展和高等教育质量稳步提高的一项重要措施。

(三) 质量评估系统

质量保障活动的一个重要方面是高等教育评估中介机构。建立中介评估机构是实施高等教育质量保障系统一体化的重要工作。参照其他国家的做法，中介评估机构是一个独立于高等教育管理部门、高等学校、受教育者和“用户”的组织，它依据合法程序和标准对高等学校进行独立性、客观性、公正性和权威性评估，形成对高等教育质量的判断。中介评估机构受政府的委托和资助，协调政府、社会和高等学校的关系，组织和参与高等教育质量保障活动。

二、完善毕业生跟踪反馈机制

通过完善毕业生回访机制，与农科类专业毕业生和用人单位建立起有效联系，充分有效征求毕业生、用人单位等对农科类专业培养方案、课程设置、教学内容、教学方法等人才培养各环节的意见和建议，及时了解社会、用人单位等对毕业生知识、素质和能力的评价，以此不断提高农科类专业人才培养质量。

社会对高等教育质量标准的影响是通过社会评价来进行的。由于高等教育大众化的推进，社会对高等教育质量提高发挥着越来越重要的作用。高等学校应扩大开放性，主动接受社会监督，全面收集和分析社会各方面的评价意见。高等教育质量的社会评价形式有：用人单位提出对学校教育和毕业生的意见和看法，社会直接参与高等学校人才培养方案与培养过程的决策，社会专门机构或组织进行质量评价等。

三、强化专业的持续改进机制

当前，我国正处在全面深化改革和实现中华民族伟大复兴的关键时期，回应现实需要，新农科的理念、领域、内容、方式等也正在发生变化。高校必须通过一系列监控制度的建立和实施，推动农科类专业持续改进，始终紧跟农业学科发展潮流和把握农业新问题。首先，建立学生评教机制，要求学生对每门农科类专业课程进行评价，及时掌握学生们的新需求，稳妥处理教学中出现的各种问题，满足学生的合理需求；其次，建立专业建设评估机制，邀请农科学界和业界专家定期开展评估，及时解决专业发展和建设中的问题，不断提高专业建设水平，凸显专业发展特色；最后，建立人才培养方案定期修订机制，充分征求毕业生、用人单位、社会等各方面的意见和建议，主动吸纳学界和业界专家指导人才培养工作，定期修订完善人才培养方案，应对农科学科发展和现实需求。

建立合理的高校人才培养质量保障模式是十分重要的工作，对推动高等学校教育质量有着重要作用。在大众化阶段的人才培养质量保障工作中，高等教育必须通过制定相应的人才培养质量保障与评估机制，建立内外结合的4级人才培养质量保障与评估系统，以保证人才培养质量的全面性和适应性。同时，人才培养质量保障的多样性、动态性、开放性和交互性，要求质量保障体系应具有全面性，不同学校采取的质量保障措施应既有共性又有针对性和侧重点。

第十二章

新农科背景下人才就业分析

第一节 概　　述

一、就业力的概念、构成因素、影响因素及提升路径

（一）就业力的概念

就业力是指个人在学习后，具备获得工作、保有工作以及做好工作的能力。就业力的概念最早见于20世纪初英国经济学家贝弗里奇（Beveridge）的文章，其思想主要来源于西方经典管理学以及经济学理论领域。“就业力”大约在20世纪70年代开始关注职业态度、个人职场的知识和技能以及社交技巧等。20世纪80年代后期，相关研究将个人所具备的知识、技能和态度放入初次就业、维持甚至再就业的动态过程中。到20世纪90年代加入了对国家政策、市场需求等宏观影响的把握。1999年欧洲29个国家的教育部长共同签署的“博洛尼亚宣言”中把“提升公民就业力”作为欧洲高等教育体系的首要目标付诸实施。2004年，国际劳工大会提出：就业力是个体获得工作、保持工作，并在工作中或各种职务间不断进步，能够应对生活中出现的各种突然变化且通过教育培训机会可提升、内化的能力。可以看出，就业力的本质是为获得工作、维持就业的一种能力，其内涵包括学习力、创新力、适应力三个方面。学习力包括知识储备能力、知识转化能力、再学习能力、判断选择能力；创新力包括规划组织能力、自我管理能力、应变决策能力、创造实践能力；适应力包括心理调适能力、沟通表达能力、人际交往能力、规矩自律能力。由浅入深有三个层次：信息能力、信息知识构成的基础层次，信息观念、信息思维、信息意识、信息道德构成的通用层次，附于科技创新能力之上的人文关照、健康心理投射的深化层次。

（二）就业力的构成因素

农科大学生就业力的核心内涵是一种经由系统、专业的学习和实践获得的能够初次就业、做好工作、获得再就业的综合能力，也是一种付诸农业改革和发展实践的综合素质。既然就业力是一种综合能力和素质，那么它就包含一系

列的技能因素，隐含着个人与环境的双重要素。农科大学生就业力构成要素也表现出一定的复杂性和多样性，其核心要素至少包括以下几方面。

1. 专业知识与技能

大学生作为国家的人才和未来的建设者，一定要具备坚实的专业基础。高校的日常教学和课外实践都是在培养大学生的专业知识和技能。专业知识是指与本专业相关的、相对稳定的系统化的知识体系，大学生应该夯实基础，努力提高专业技能。大学生的专业知识和专业技能是其寻找理想工作、立足社会、实现自我和服务社会之本。专业技能既包括专业技术操作运用能力、专业技术管理能力，也包括专业技术诊断能力和维修能力等。

2. 就业意愿

就业意愿是大学生求职中重要的一项，是指大学生就业的意向、目标和意愿。农科大学生的就业意愿直接影响他们对行业、岗位的选择和求职时的积极性，更重要的是，影响他们就业成功的概率。农科大学生就业意愿的影响因素很复杂，一般包括：毕业生的专业兴趣和就业观念、农业的发展前景和用人薪酬福利、农科院校的人才培养目标和就业指导、社会的政策和价值观等。

3. 求职技巧与能力

如果说专业知识与技能是大学生内在的就业底蕴，就业意愿是大学生求职的主观愿望，那么求职技巧与能力就是大学生把内在底蕴充分展现出来，实现自己就业愿望的武器。因此，农科大学生的求职技巧与能力至关重要。农科大学生求职时应该凸显自己的专业技能，提高自身在本专业的竞争优势。

（三）就业力的影响因素

大学生就业力的问题已经引起教育界、管理层的高度重视，这些年来也出台了若干优惠就业政策，在一定程度上缓解了大学生就业压力。大学生的就业深受外部形势影响，来自社会的外部环境及高校学生自身的内部环境都影响着学生就业力的发展。

1. 外部环境的影响

自 1999 年我国高校扩招之后，每年大学毕业生的数量大幅增加，就业形势逐年严峻。倘若无法有效解决大学生的就业问题，不但会造成人力资源的浪费，还会影响社会稳定，因此大学生就业力培养问题引起管理层的高度重视。以 2021 年为例，应届高校毕业生达 909 万人，比 2020 年增加 35 万人，毕业生人数再创历史新高，就业形势更加严峻。而我国经济增速进入换挡期、结构调整进入阵痛期、前期政策进入消化期，这使得国家面临的经济形势更加严峻和复杂。与此同时，受到西方发达国家的经济持续低迷、国内经济转型的影响，我国经济增长速度持续回落，出口增长乏力，导致大量企业减员或者倒闭，这给本届高校毕业生造成最直接的就业压力就是“僧多粥少”。相关部门的统计研究显示，中国 GDP 每下降一个百分点，将会减少 100 万～200 万个就业岗位。

2. 发展差异的影响

从我国社会目前实际情况看，当前职场也存在一些问题，比如大学毕业生在地区之间、企业与机关事业单位之间流动仍然存在很多障碍，毕业生身份转换困难，就业渠道不畅通。我国各地区经济发展不平衡，高校大学生毕业后的流向还是比较倾向于经济较发达的区域，主要集中在北京、上海、广州、深圳以及一些沿海的大中城市。而相对来说比较偏远的地方，如青海、内蒙古、甘肃、陕西等省份，在吸引人才各方面条件比较薄弱，最终结果就是经济发达的地方人才济济，而经济欠发达的地方很难吸引到高水平人才。

3. 传统观念的影响

我国传统的性别观念根深蒂固，表现在职场则呈现出明显的重男轻女，毕业生在就业的时候会遇到性别歧视的现象。由于部分用人单位明确提出只招收男生而不招收女生，即使是那些德才兼备、学业突出的女生往往也被用人单位拒之门外，女生就业难的现象普遍存在。大学毕业生就业，无疑要受到父母亲戚、教师朋友、社会舆论的影响。人们的传统观念在一定程度上束缚了大学毕业生的就业选择，许多大学生轻视工厂的实际技术工作，向往到国家机关、事业单位去，“学而优则仕”的传统观念，导致就业观念有为官倾向，轻视了承担实际技术工作等职位角色，这也在一定程度上增加了大学生择业时选择方向的困惑。

4. 自身认识的影响

就业力要求大学生目标明确，保持自身优于他人的核心竞争力。在互联网高速发展的信息时代，就业力不仅仅围绕职业，上升为适应环境终身学习的能力、满足创新思维的就业创业能力，掌握职业发展中必备的知识、技能和态度。研究大学生就业力提升顺应时代、历史呼唤，有效应对经济转型期供需不平衡凸显就业难的矛盾，对于高校高质量完成人才培养重要职能和大学全员创新素质教育任务改向具有重大意义。

（四）就业力的提升途径

随着高校的不断扩招，就业形势越来越严峻，大学生的就业压力越来越大，就业矛盾越来越突出，为了从根本上解决大学生的就业问题，需要全面提升大学生的就业力。

1. 深化教育教学改革，提高大学生的综合素质

高校应不断深化教育教学改革，构建职业生涯规划理念下的课程体系，全面提高大学生的综合素质。高校应以社会人才需求状况和发展趋势为基础，不断深化改革，与时俱进，进行专业教育教学评估，合理设置专业，修订人才培养方案，使学校的专业及其课程设置与当下市场需求相适应。以市场为导向，尝试“订单式”培养。大力发挥第二课堂对第一课堂的有益补充作用，构建合理的知识结构，合理引导学生理性开展自我分析以及对工作世界的探索，鼓励学生积极有效地参加职业实践，培养社会实践技能，提高综合素质，提升就业竞争力。搭建学生个性化发展平台，建立第二学位修读制度，实行弹性学制，以满足学生的不同发展需求。高校教育应将就业力的培养贯穿于学校教育的全过程，树立“三全育人”的理念，专业课任课教师在讲授专业知识的同时，可适当地对学生进行相关的职业生涯发展方面的教育引导，帮助学生做好专业、职业分析。辅导员、班主任作为一线的学生教育、管理和服务者，可以针对学生的情况，及时反馈信息，准确地解决学生的困惑，同时可以对学生完成职业生涯规划的各阶段的实践任务进行有效督促，从而更好地将育人工作落到实处。

2. 着力打造一支职业化、专业化、专家化的职业生涯规划与就业指导教师队伍

职业生涯规划与就业指导是一项专业性强的工作，涉及职业生涯开发与管理、心理学、社会学、职业咨询、人力资源管理、就业形势与政策法规研究、求职应聘技巧等多学科和领域。目前，高校职业生涯规划与就业指导教学人员普遍由行政管理等兼职教师担任，这就导致此部分教师不能全身心投入到职业指导中来，这势必会影响职业指导的实效性。所以学校应高度重视学生职业生涯发展与就业指导工作，适当配备一定比例的专职职业生涯与就业指导教师，健全职业生涯规划与就业指导师资队伍，同时加强队伍的专业化、专家化的培养，更加有利于学生的职业指导与生涯发展。对于学生来说，职业生涯规划与就业指导的意义已经不仅仅是“找个工作”而已，更重要的是提升学生在职业选择及职业持续性方面的竞争力，优化其职业生涯发展的质量。学校职业指导中心应采取“走出去、请进来”的办法，即一方面要走出去了解市场需求变化，另一方面要请用人单位、职场成功人士到校开设讲座，聘请用人单位职场人士作为学校生涯发展指导教学的兼职教师，同时加强对校内职业指导教师的培训，只有这样才能给学生提供专业的职业指导。

3. 开展全程式、全员化、全方位的职业生涯教育与就业指导服务

职业生涯教育与就业指导应贯穿大学学习生活的全过程，根据学生在各个阶段的特点及需求，有针对性地进行教育指导。针对大一学生，从入学教育开始，对学生进行职业生涯规划意识的唤醒，帮助新生适应大学生活、了解自我、了解所学专业及相应的职业环境，建立学生生涯规划档案。针对大二、大三的学生，重点培养其职业生涯探索能力。通过职能部门、任课教师、辅导员、班主任等开展教育教学活动，帮助学生更好地进行自我认知，进行兴趣、性格、能力及价值观的探索。针对毕业年级进行就业形势与政策的学习，进行招聘考情分析指导、面试礼仪及面试技巧的培训，加强学生就业心理困惑的疏导，提高学生就业力。在解决学生职业生涯规划与就业指导方面普遍存在的问题的同时，更要对学生实现个人生涯目标，特别是对于就业有困难的学生，提供个性化“精准指导”和“精准帮扶”。职业生涯规划与就业指导工作需要全员参与，齐抓共管，要把职业生涯规划教育贯穿教育教学全过程，切实提高学生的综合素质，提升就业力。

4. 从学生个体角度出发，有效进行职业生涯规划实践，提升自身就业力

大学生职业生涯规划教育是一项系统工程，宏观上，它涉及家庭、高校、社会等方面；微观上，它涉及高校的就业部门、学生管理部门、教学部门以及学院、班级、学生等多个环节。但最关键的还是取决于学生个人主观能动性的有效发挥，取决于学生能否有效利用高校、家庭和社会等各方面的资源，合理对自身职业生涯发展之路进行规划和实践，提升自身的就业力。整个职业生涯规划需要在实践中检验其效果，并及时进行评估和调整。目前大学生职业生涯规划由于实践环节薄弱，缺少对规划各个环节的诊断，难以对规划及时做出调整与完善。所以，学生个人要在充分认识自我和职业环境的基础上，进行合理的职业定位，制定切实可行的行动计划，并真正付诸行动，才能不断提升自身综合能力，提升就业力及职业生涯发展的质量。

二、就业的理论基础

（一）人力资本理论

1961年美国经济学家西奥多·W. 舒尔茨在《美国经济评论》上发表了《人力资本投资》一文，标志着人力资本理论真正形成，随后西方经济学家们进一步发展了人力资本理论。人力资本理论产生之后，受到了世界各国政府和各界人士的关注。人力资本理论的主要观点是：人力资本在经济增长和社会发展中起着关键作用，教育投资是人力资本的核心，因此主张大力发展教育。1945年后，在人力资本理论指导下，西方发达国家都加大了对教育的投资力度，使得各级教育迅速扩张。随着20世纪末我国高等教育扩招政策的实施，越来越多受过高等教育的劳动者涌入市场，而我国经济发展速度远远落后于高等教育的扩招速度，很多学生从事着与自己学历不相匹配的工作，甚至找不到工作，大学毕业生就业问题日益凸显，这使得教育的经济价值大打折扣，教育资源得不到充分的利用，人力资本投资的风险逐步加大。

1. 基本概念

舒尔茨认为人力资本是人们在教育、健康、迁移、职业培训和信息取得等方面投资所形成的资本，是相对于物质资本存在的一种资本形态，是人们创造财富的源泉。人力资本投资是以支付当前投资成本为手段，以获取未来收益为目标的一种投资行为。一般情况下，在预期收益值大于各种成本支出值时，人们才有投资的意愿。但是，由于制度不完善、劳动力市场分割、信息不完全等不确定性因素的存在，人力资本投资的收益存在一定的风险。

①教育过度。教育过度又称过度教育，是指社会或者个人拥有的教育超过了需要，获得的技能超过了工作所要求的技能，呈现出一种技能低效现象。与教育过度相对应的便是教育不足，教育过度和教育不足都是对受教育程度是否恰当的判断。

②人力资本投资风险。人力资本投资风险有两种表述方式，一种是通过对个体间教育收益的差异情况来考察，即对受教育者个体进行教育投资，在具有相同受教育水平的情况下，不同的个体往往会有不同的教育收益，这种收益可能会大于期望收益，也可能会小于期望收益，这种教育收益的差异如果是由不确定性因素造成的，那么便形成了教育投资的风险。这种表述方式强调了风险收益与期望收益的比较，在实际比较中，通常以某个群体的平均收益作为期望收益的基准值。另一种是指通过投入一定量的人力、物力、财力来开发人力资本，但是在若干年后，投资者的收益不一定能够补偿投资成本的现象。这种表述方式的重点在于成本与收益的比较，更多的是考虑风险损失。第一种表述方式与第二种表述方式相比，优势在于不仅体现了风险损益，而且体现了风险增益，比第二种表述方式更加科学合理。

2. 教育过度与高等教育投资风险

当今社会，人们对教育的需求日益旺盛，很多人已经不再满足于本科教育，于是引发了研究生教育的蓬勃发展，这说明社会的进步和经济的发展对高层次人才的需求越来越迫切。接受更高层次的教育，使受教育者在满足精神生活需要、提高自身素质和社会地位、为以后带来更加丰厚的物质回报的同时，也加剧了高等教育投资的风险性。

从人力需求观来分析，职业需要和受教育水平之间是一种映射关系，过低或过高的匹配对激励和调动受教育者工作积极性都存在不利影响，导致工作低效率的发生。从成本上来看，教育过度则是教育投资的损失，虽然收入和低学历者比较起来相对较高，但与其他行业同等受教育程度的个体比较起来，工资率则相对较低，这便加大了高等教育投资的风险性。从人力资本观来分析，就社会需求而言，如果高等教育过度，那么高等教育与职业需求便会产生错位，于是雇主在成本差别可以接受的范围内，便会优先选择高学历的求职者替代低学历的求职者，高学历低就业的情况逐渐变得严重，失业者的受教育层次逐步提高，专业和就业不对口甚至毫不相干的现象也越来越普遍，教育替代愈演愈烈。教育替代是教育过度的延伸，教育替代具有高学历个体替代低学历个体的特征，其结果不仅会增加高学历者教育投资风险，而且会加大低学历者的收入风险。

受教育者在进行教育投资决策时，往往有一种强烈的规避风险和教育投资预期的心理。学历较低者为了在本层次的劳动力市场找到满意的工作，不惜代价地包装和搜寻，致使成本增加。当低学历者找不到满意的工作，而又不愿意屈居次一级劳动力市场时，失业人数便大量增加，教育投资风险加大。虽然有些失业是暂时的，但却可以让人们误以为是低学历造成的，于是受教育者通过增加教育投资力度来追求更高层次的学历教育，以避免高等教育投资风险，这样就引发了新一轮的教育过度和教育替代，高等教育投资的风险性加大。如果没有宏观的预测和指导，那么教育过度和教育投资风险便形成了恶性循环，造成教育资源的极大浪费。

综上所述，我们可以看出高等教育投资带有一定的风险性。在一般情况下，高等教育投资风险会随着受教育层次的提高而降低。但是由于教育过度的存在，受教育者的工资率并没有随着受教育程度的增加而提高，并且失业者受教育层次逐渐提高的现象增多，这不仅是教育资源的极大浪费，而且对社会稳定、经济发展以及人们生活水平的提高都产生了不利的影响。因此，如何妥善解决受教育者的就业问题，减少人力资本投资的收益风险便显得至关重要。

（二）劳动力市场分割理论

劳动力市场分割理论是指对劳动力市场“按行业、地理区域，或者按性别、种族之类的人口特点而进行的分类”，该理论以 Doeringer 和 Piore 发表的《内部劳动力市场与人力政策》为诞生标志，主要包括职位竞争理论（position competition theory）、激进的劳动力市场理论（radical theory）和二元劳动力市场理论（the dual theory），其中最具影响力的是二元劳动力市场理论。这种理论认为劳动力市场存在主要劳动力市场（primary labor markets）和次要劳动力市场（secondary labor markets）：主要劳动力市场工资高、就业稳定、工作条件好且有保障、培训机会和晋升机会比较多；次要劳动力市场工资低、工作条件差且不稳定、培训机会和晋升机会很少；教育和培训能够使主要劳动力市场劳动者的收入提高，而对次要劳动力市场的劳动者并没有作用；主要劳动力市场和次要劳动力市场之间很少流动。

1. 基本概念

就业：《现代汉语词典》中的解释是得到职业、参加工作；《辞海》中的解释是指具有劳动能力和求职欲望的人，从事某种社会劳动，并取得相应报酬或经营收入的行为；国际劳动组织的定义为一定年龄阶段内人们从事的为获取或赚取利润而进行的活动。

失业：有劳动能力并愿意就业的劳动者找不到工作，实质是劳动者无法与生产资料相结合进行社会财富的创造。失业者必须同时具备以下条件：有劳动能力、愿意就业、没有工作。

自愿性失业：根据失业的概念，笔者把自愿性失业定义为有劳动能力和工作机会，却因不满意工作机会而选择暂时失业。

2. 劳动力市场分割理论与我国农科专业大学毕业生就业

我国劳动力市场分割现象主要表现为地区之间、城乡之间的分割和体制性的分割。

从地区来看，我国分为大中城市劳动力市场和小城镇及农村劳动力市场。由于我国各地区经济文化发展水平不同，具有明显的二元社会特点，因此两种劳动力市场之间存在许多差别。生活在经济发达的大中城市收入高、公共服务设施齐备、各种信息资源丰富，人们能便捷地享受现代社会的文明成果，拥有较高的生活质量；生活在小城镇和农村，不仅收入低，而且很难充分享受现代精神文明和物质文明生活，于是农科专业大学毕业生往往选择“宁要城市一张床，不要乡下一幢房”。尹发跃对农科专业大学生选择就业地区的调查显示，28.8%的农科专业大学生选择“沿海开放城市”，19.6%的农科专业大学生选择“家乡或家庭所在地”，10.8%的农科专业大学生选择“京津地区”，8.1%的农科专业大学生选择“就读学校所在地区”，8%的农科专业大学生选择“国外”，7.1%的农科专业大学生选择“内地省会城市”，4.5%的农科专业大学生选择“西部边远省区”，2.5%的农科专业大学生选择“其他”，可见农科专业大学生在就业地区选择上偏好经济发达地区和城市。如果两种劳动力市场之间没有分割，农科专业大学生能方便地从小城镇和农村市场流入大中城市市场，他们毕业时如果不能实现在大众城市就业，就会愿意选择暂时到小城镇和农村市场就业，以后有机会再进入大中城市市场，这样就不会存在农科专业大学生自愿性失业问题。但是由于我国劳动力市场之间不仅存在地区和城乡分割，还存在体制性的分割，如户籍制度，这种分割限制了农科专业大学毕业生的自由流动。如果他们选择到小城镇和农村市场就业，那他们以后要进入大中城市就业就要付出高昂的工作转化成本：寻找新工作单位所支出的成本、离开原单位带来的各种损失、转换到新单位的过程中向原来单位支付的各种成本及原单位不同意离职所产生的机会成本。因为农村单位招聘到农科专业大学毕业生不容易，所以一旦招到，便不会轻易同意他们辞职，这在客观上提高了农科专业大学毕业生的工作转换成本。因此，农科专业大学生毕业时如果难以在大中城市就业，那么他们宁愿选择暂时性失业，也不愿意到迫切需要他们的小城镇和农村就业，这就形成了农科专业大学生自愿性失业。

综上所述，农科专业大学生在毕业时宁愿选择自愿性失业也不愿意到小城镇和农村就业，这和我国城乡分割、体制性分割有密切的关系，地区经济和城乡经济发展不平衡是农科专业大学毕业生自愿性失业的根本原因，体制分割则是这一现象的制度原因。农科专业大学毕业生的择业行为为大中城市提供了丰富的高素质人力资源，有利于当地经济的快速发展，但同时加剧了人力资本地区和城乡之间的分布不均，削弱了小城镇和农村的发展能力，进一步扩大了地区和城乡之间的经济差距。因此，消除劳动力市场分割状况，不仅有利于我国农科专业大学毕业生就业问题的解决，而且对我国地区之间、城乡之间经济协调发展将起到至关重要的作用。

第二节　新农科背景下农科人才的就业现状

一、就业的质量分析

习近平总书记在党的十九大报告中指出，就业是最大的民生，要坚持就业优先战略和积极就业政策，实现更高质量和更充分的就业。提高就业质量是适应新形势下高校就业工作创新发展的重要要求，也是推进人才强国战略的重要举措。高质量的就业包含两个方面：一方面，毕业生从事的工作要具有较高的职业认可度，能够产生一定的社会效益；另一方面，新时代教育要为服务经济社会发展提供有政治追求、社会担当、创新精神和实践能力的高质量人才支撑。作为新农科建设的重要一环，农科类高校承担着培养卓越农林人才的关键任务，实现高质量就业，是一个长期的动态过程，包括充分的就业机会、公平的就业环境、良好的就业能力、合理的就业结构以及和谐的劳动关系。

虽然农科院校毕业生数量随着近年的扩招逐渐增多，但人才培养质量仍有待提高，人才培养与市场和社会需求脱节，农科类毕业生就业困难，其就业率和工作相关度均低于其他专业平均水平，工资水平、就业地方、就业单位、社会认可度等不满意度均较高。通过对不同农业高校的调查发现，农科院校的就业质量不高。

针对江苏某高校农科专业 2019 级毕业生毕业去向的调查问卷显示，其毕业去向主要有协议就业、升学、出国、创业以及灵活就业等方向。协议就业和升学是毕业农科大学生的主要选择，其中约 50%的本科生选择升学，45%的本科生通过协议就业获得自己的第一份工作，可见，当代农科大学生的总体就业结构较为单一。麦可思数据显示，2019 届农学本科毕业生中，55%的毕业生在毕业半年后从事与专业相关的工作。“专业工作不符合自己的职业期待”（34%）是农学毕业生不务农的最重要原因，另有 1/5 的人因为“专业工作岗位招聘少”不务农；学农务农毕业生在就业满意度、就业稳定性方面均优于学农不务农群体。

针对华东地区某高校农科类专业本科毕业生的一项关于毕业求职的问卷调查显示，专业对口率低是学生面临的主要就业现状，专业不对口率达 83.5%以上。新时代新农科要求培养综合素质高、交叉学科知识体系较为完善的多元化新型人才，但传统农科培养方式大多较为单一，无法适应多学科交叉培养需求。此外，“学农不事农”也成为农科高校学生就业的一个普遍现象，有调查显示，30%的学生选择了房地产、金融、传媒等与农科关系不紧密的工作，这一方面是学生对本专业的认可度低，对相关政策不了解，进而导致对专业前景的迷茫；另一方面，也与学科专业与用人单位的对接和供需不平衡有关。

9 所入选“双一流”建设的农林高校是我国高等农林教育的排头兵、领头雁，为我国培养了一大批优秀的农林人才。9 所“双一流”建设农林高校发布的 2019 年本科毕业生就业质量报告显示，9 所高校整体就业率高于 90.00%，与各高校不断提升人才培养质量和农业类学科越来越受到国家和社会重视有一定关系。各高校毕业生主要工作地为高校所在地，中国农业大学和北京林业大学毕业生服务于京津冀经济圈均达到 50%以上，四川农业大学毕业生选择四川省工作的学生最多，占 68.65%。学生就业地选择主要影响因素为生源地、高校所在地，同时受国家政策影响。“一带一路”涉及的省市、长江经济带、京津冀一体化等发展区域都对毕业生有一定的吸引力。通过进行对比统计发现，企业就业是各高校毕业生就业的主体，民营企业作为国家经济发展的重要组成部分，在吸纳高校毕业生就业方面起着非常重要的作用。各高校仅有少数毕业生通过国家各类公务员考试、事业单位考试等进入政府或事业单位，自主创业逐渐成为学生就业的一种渠道，但自主创业学生所占比例甚微。各高校毕业生平均薪酬在 4 000～7 000 元。同一所高校不同学科门类毕业生的薪酬差异较大，工科和理科专业毕业生薪酬较高，农科类毕业生薪酬较低。

二、就业的影响因素

（一）对就业前景的认识

毕业生在成长过程中接受了来自家庭和社会的教育与引导，形成了自己的性格和行为习惯，这对其求职与入职后的工作态度会产生稳定性影响。毕业生的就业态度分为三类，第一类是积极乐观的求职态度，这部分学生占整个毕业学生群体的 27.7%，他们对于自己的学历和工作能力比较有自信，认为自己能够找到一份适合的好工作。第二类是消极悲观的求职态度，占 25.1%，他们之中很多人认为自己的专业过于冷门，不适应当今的市场环境。最后一类是模棱两可的态度，他们虽然对于自己的就业前景没有明确的目标，但是也没有持过于消极的态度，而是介于两者之间，抱着走一步看一步的态度，将未来寄希望于客观因素。

（二）对就业制度的了解

我国针对就业形势出台了一系列的具体政策，从制度上对就业进行指导和规范。我国目前的就业制度包括三个方面，即劳动合同制度、就业准入制度、人事代理制度，具体的职业有相应的具体制度，当下我国的用人单位在人才选择上也有自己的标准。因此毕业生应该时刻把握这一趋势，针对企事业单位的要求，重点武装自己，做出合理的选择，同时也应该懂得维护自己的合法权益。

（三）亲友的影响

人类区别于动物的最大属性就是人类具有社会性，我们有自己的家人朋友，在不同的圈子中扮演不同的角色。因此，我们的世界观、人生观、价值观在构建的时候或多或少地受到亲朋好友的影响。其中，来自父母方面的影响是最直接的，这表现在两方面。一是毕业生自小生活在父母所给予的生活圈，父母的工作和家庭的和睦程度在一定程度上对毕业生选择工作产生潜移默化的影响。例如，如果一个毕业生的家庭比较贫困，那么他在选择职位的时候就更容易选择和父母职业不同的岗位；相反，如果一个毕业生来自生活较为富裕的家庭，那么这个学生就认同父母的职业并产生倾向性，从而更容易接受父母的建议。二是父母的经济支持和殷切希望。一个大学毕业生求学多年，所花费的金钱数额巨大，尤其对家庭贫困的孩子来说更是如此，因此毕业生在选择职位时，出于对父母的感恩，会偏向于接受父母的建议。只有不到三分之一的毕业生会遵从自己内心的想法，不受父母长辈的约束，从事自己喜欢的工作。

（四）就业信息的获取

就业信息包括就业资料信息、就业培训与测评信息、就业规约信息以及用人单位信息等。毕业生在获取资料时通常通过网络、学校就业指导中心、企业宣传单以及自己的生活圈来搜集。通过调查我们可以发现，在对就业信息搜集的过程中，毕业生更倾向于了解用人单位的性质、企业文化以及企业所拥有的实力和发展前景等方面的信息，他们认为对企业上述方面进行充分了解对于自己的职位选择是十分重要的，这个比例为41.2%。另外，有一部分学生认为选择工作应该首先考虑物质的回报，认为人只有在满足了生理方面的需求之后才有能力去考虑精神的享受，因此他们在选择用人单位时更加关注企业所开列的工资水平和福利待遇。

（五）求职标准的改变

在就业之后，还有一个问题是工作的稳定性，这要根据学生对自己工作的满意度来衡量。如果毕业生发现实际的工作条件与自己所设想的环境有很大的差距，那么他们会不会从降低自己的预期目标和标准的角度来适应目前已经从事的工作呢？调查表明，大概会有三分之一的毕业生会在工作后进行反思并且拿出实际行动努力适应环境，充分挖掘自己的潜力，争取做出一番成就来。

（六）就业中遇到的问题

毕业生在就业过程中会遇到各式各样的问题。例如，有许多学生认为自己初入社会，人脉稀薄，如果在同等的就业机会下，用人单位选择自己的概率很小。很多同学认为自己在搜集企事业单位的有关信息时，会遇到很多阻力，获取到的有利用价值的信息少之又少，而花费在搜集资料方面的精力却很大。还有部分外来求学的学生，面对有些企业出于现实和经济成本的考虑，偏向于招收本地区的毕业生时，受到的就业歧视比较明显。另外，还有一部分企业仍然存在性别歧视，这是很多女大学生会遇到的情况。有相关数据表明，在学历、工作能力同等条件下，女大学生的就业率明显比男大学生低，这成了企业招聘一道迈不过去的坎。

（七）地理因素

毕业生过于看重就业地区是一个普遍现象，农科毕业生也不例外。大多数学生希望去一个经济状况好一点的城市，如北上广深等，也有一部分毕业生偏向于毕业学校所在的城市或者自己的家乡所在的城市。受自我经济因素的影响，大多数人不愿意去农村、乡镇进行基层工作。

三、就业工作存在的问题

大学生就业问题一直是社会的热点问题，高校的扩招，使得大学生的就业形势更加不容乐观。2019 年人力资源和社会保障部向社会公布的大学生就业率情况显示，大学生的就业签约率为 68%，这表明大学生中还有 32%的人处于在家待业的状态，其中还没有包括上一届近 100 万名未就业的大学毕业生。客观地说，除了学校之外，政府也十分重视大学毕业生就业，各种就业政策力度前所未有，如大学生村官、社区工作者、大学生入伍等促进就业政策，实际上都有效地促进了大学生就业。但是就目前的情况来说，大学生就业难已成为不争的事实，而更难的是农科专业大学生的就业，受到社会各界关注。虽然近年来中央 1 号文件都是聚焦“三农”问题，且党和国家把解决“三农”问题列为工作的重中之重，惠农政策陆续出台并不断强化，农业产业化不断推进，农业龙头企业稳步发展，客观上需要培养一大批高科技农业人才，但是，由于多种因素的交互影响，如国家政策、经济因素、地理位置、学校教育、个人因素等，农科类毕业生的就业特别是地方农林高校农科类毕业生就业形势不容乐观，破解农科毕业生就业困境，仍然是农业高等教育亟待解决的问题。

客观地说，近些年来，由于国家实施科教兴国战略，我国农科高等教育进入了加速发展的新阶段，农科教育培养的人才的数量和质量有了一定的增加和提高，但仍存在结构性矛盾，毕业生供求关系失衡。中国农业教育的现实情况正如中国农业大学前校长陈章良担忧的那样：一方面我们的农业产业需要大量的人才；另一方面，农业高校培养的人才却又不好找工作。据统计，近几年农科类毕业生中有95%留在了城市，而且大部分从事了与农业无关的工作。而作为农业大国，我国的农林科技人员明显短缺，尤其是基层农林科技人员短缺现象更为严重。农业科技推广人员不足，在一定程度上已影响到农业产业结构调整。一方面是农科专业毕业生就业困难，另一方面却是农林科技人员明显短缺。为此，如何疏通农科毕业生就业渠道，让他们"下得去、留得住、用得上"是一个重要问题。以下是本科生就业中常遇到的问题。

①就业信心不足，缺乏从事农业行业的精气神。从学生就业渠道看，农林高等院校学生主要依靠高校举办的招聘会和发布的招聘信息获取用人单位信息，学生主动"走出去"的较少。来校招聘单位与学校专业对口性强，但也存在单位层次一般的现象，很多高层次企业虽有农林类专业毕业生需求，但一般选择综合型院校举行招聘会，学生容易错过一些好的就业机会。主要原因是学生对院校和个人就业的信心不足，存在企业去综合院校举行招聘会就不招聘农林类高校毕业生的自我歧视心理。农、林、牧、渔业属于"慢热"行业，由于该行业投资后收益回收周期较长，新入职学生待遇普遍不高，但工作5年后发展势头良好。学生未认识到该行业的这一优势，同时对国家现行惠农政策和农村实际情况了解不全面，缺乏毕业后从事农、林、牧、渔业的信心和思想准备。农林类高校人才培养现状与人才培养目标仍有一定差距，部分学生缺乏从事涉农行业的精气神。农科类大学生向高素质农民演进的征程仍然很长。

②就业能力不足，就业创业指导服务存在薄弱环节。有研究表明，大学生就业能力与就业质量呈现显著正相关关系。学生就业能力不足，对学生求职前的心理准备、求职信心以及求职过程产生较大影响。目前大多数高校均有专门的就业指导服务组织，制订实施了一系列就业能力提升计划，在推动学生就业进程中起着关键作用。但由于农林类高校自身的限制，学生在领导力、团队意识、通用技能等方面与同层次综合型院校存在一定差距。高校毕业生对学校就业指导服务的整体满意度较高，但"非常满意"的较少，大部分学生选择"比较满意"和"一般满意"。实现农业农村现代化，离不开高层次的农林科技、管理和经营类人才，培养高素质农民急需引进专业的农林类毕业生。在"大众创新，万众创业"国家政策的引导下，农村这个广阔的平台需要农科类毕业生扎根基层，用自身所学开展创业活动，以创业带动就业。麦可思研究院联合中国社科院发布的《2019年中国大学生就业报告》显示，2018届本科生创业率

为1.8%，而双一流农业高校创业率普遍较低，仅有华中农业大学创业率为1%，其他高校均低于1%。高校需要加强创业指导，发挥校友和合作企业资源，提供创业实训平台，让更多同学具备自主创业的能力。

③就业结构失衡，学生分类培养体系不健全。农林院校本科生去向以企业为主，近年来随着研究生扩招，升学率不断提升。从学生选择升学深造的原因来看，学生并没有明确的职业规划，部分学生因为不知道就业方向，所以选择升学；部分学生表示对科研并不感兴趣，只是为了提升学历；部分农科类学生的高考第一志愿率较低，大部分学生所学专业均为调剂专业，在学习过程中表现出了“学农不爱农”的心理，想要跨专业就业但又缺乏勇气和信心，因此盲目跟从身边考研的同学选择考研；部分学生因为目前就业市场中农业对口岗位选择面较窄，且工作环境、薪资及社会地位等方面与其他专业对口岗位有一定差距，难以达到毕业生对就业的期望值，且一些新闻报道也对农科类大学生的就业形势持不乐观态度，为规避就业压力，大部分毕业生选择继续升学深造。缺乏职业规划对研究生开展科学研究和就业带来更大压力，并不利于学科发展。在学生就业意向调查中，公务员、事业单位等受到学生青睐，但从实际就业单位来看，民营企业为学生的主要就业渠道。国家组织的“三支一扶计划”“大学生志愿服务西部计划”“大学生村官计划”等基层项目的工作内容和工作性质虽然与公务员和事业单位相似，但由于待遇和保障差异，并不受学生欢迎。

第三节　新农科背景下就业机制的构建

一、就业指导内容

在传统教育观念中，就业指导一般是指求职技能的训练，包括简历制作方法、面试技巧、求职礼仪培训等。其实，求职技能的培训是对学生的外包装，起锦上添花的作用，真正能够在求职过程中表现优秀的学生，往往是注重日常积累、综合素质全面发展或者专业知识过硬的学生。因此，构建全程化就业指导体系，引导学生从低年级开始做好职业生涯规划，对照职业生涯目标，充分利用大学时光，完善个人综合能力就显得尤为重要。鉴于农科学生的专业归属感较低、专业自信不足等实际情况，加强学生的专业认可度，强化社会责任感，培养他们的爱农情怀就成为基于农科人才培养的全程化就业指导体系的重要内容。

（一）做好专业思想教育，打破专业成见，加强专业认知

为了消除社会舆论影响下学生对农科专业的成见，学校邀请知名教授、学者、校友、企业家、优秀高年级学生，从新生入学开始进行专业思想教育。为

新生讲解专业内涵，解析专业方向，介绍就业去向，带领新生参观实验室，让学生领略名师风采，品味科研魅力。在学生的日常学习中，通过引导学生走进实验室担任科研助理，鼓励高年级学生承担科技创新项目，在科研过程中将所学理论知识转化为实践过程，激发学生的科研热情与专业知识的求知欲，让学生认识农科类专业的广博内涵，了解现在农业科技的发达程度。带领学生走进养殖、种植基地，参观科研推广基地，使学生了解农业科学的发展对人类社会带来的巨大贡献，帮助学生树立专业自豪感、归属感和使命感。

（二）做好职业生涯规划教育，明晰自我兴趣，强化能力培养

舒伯将个体职业生涯划分为成长、探索、建立、维持、衰退 5 个阶段。大学生正处在从探索阶段（18～22 岁）向建立阶段（22～24 岁）的过渡期，自我概念的模糊与自我定位的迷茫是本阶段的特点。农科类毕业生就业指导的目标并不是将学生的职业规划束缚在农科领域，而是帮助学生认识自我，理性抉择。自我认知是就业指导工作的核心。通过开设《大学生职业生涯规划》课程，帮助学生系统梳理自我价值观，借助量表等科学工具分析自我性格与兴趣。课程之外，结合学生专业组织丰富多彩的社会实践活动，帮助学生厘清自我性格、兴趣、能力、价值观，澄清“真实自我”和“意象自我”。

（三）坚持实践育人导向，培养爱农情怀，强化奉献意识

在“价值观、能力、兴趣”构成的就业指导“三叶草”理论中，价值观可以引导，兴趣可以培养，能力可以训练提升。因此，通过教育可以引导学生做出理智的抉择，帮助学生实现自我价值的最大化。如西北农林科技大学已经建立起了相对完善的学生社会实践体系，村主任助理岗位、田园使者项目、暑期社会实践项目、阳光团工委义务服务队等多个平台相互衔接，为学生走出校园、走进农村提供了平台与桥梁。依托社会实践平台，学生可以在课余时间走进农村，开展义务劳动、义务支教、科技下乡等活动，帮助农民大棚种植，提供科技帮扶，将广阔的农村大地作为实习实践基地，切实将论文写在广袤的农村大地上；开展调研活动，了解农村发展现状，为农村发展献计献策。在与农民的交流中，学生懂得了自我奉献的意义，在农村科技的普及中，许多学生找到了自我价值实现的途径，逐渐懂得了“学农”的重要社会意义，逐渐培养了“爱农”的情怀。

（四）提高农科学生的职业胜任力是重点

职业胜任力是指求职者所具备的各项能力满足职业需求的程度。辛迪·梵和理查德·鲍尔斯（Sidney Fine 和 Richard Bolles）将技能分为 3 种，即知识技能、可迁移技能和自我管理技能。通过引导学生养成良好的学习习惯，鼓励学生进入实验室开展科研，进入企业专业实习，开展丰富多彩的专业实践、竞

赛、交流等活动，帮助学生建立系统化的专业知识体系。可迁移技能是指在不同场合下可以通用的技能，该技能可以在生活的方方面面获得发展，却可以迁移应用于不同的工作之中，例如分析、计算、说服、信息获取与整合、表达与人际沟通能力等。自我管理技能可以理解为一个人的意志品质，它反映的是个体在不同场景下如何自我管理，例如个人执行力、抗挫折能力、自我察觉能力、对多元文化的理解与认同能力等。自我管理技能可以帮助个体更好地适应周围环境、应对工作中出现的问题，是个人品质和态度的综合表现。引导学生认清可迁移技能和自我管理技能的差别，通过共青团、学生会、社团、班级等学生组织开展丰富多彩的校园文化活动，在活动的组织、参与、实施中，锤炼提升各项能力。

（五）加强农科类学生的求职技能培训是保障

经过前3年的专业认可度教育和职业胜任力教育，学生在求职前还需要进行外在的包装、培训与潜能的进一步发掘，这就是求职技能提升。农科大学生往往表现出自信心不足，因此求职技能培训不可或缺。开展求职训练营，举办简历设计大赛，提供简历制作培训，帮助每个学生完善简历。开展求职礼仪培训，从职场着装和言谈举止方面对学生做出指导；开展“我的求职故事讲给你听”征文比赛、“优秀毕业生话就业”等毕业季活动，记录学生的求职经验，发挥朋辈榜样作用。开展模拟招聘大赛，以实战的方式进行无领导小组面试、结构化面试、情景模拟面试、群体面试等多元化面试形式，聘请企业人力资源部门人士和职业指导师作为面试官给予点评指导，帮助学生掌握面试技巧，使其在面试中展现最优秀的一面，提高学生的面试成功率。

二、就业指导模式

（一）四化一体

农科类院校的就业工作取决于高校教育培养计划与现代社会需求的协调统一。结合当前农科类院校就业工作指导计划单一、培养模式滞后等现状，邓琳等提出集工作指导系统化、职业素质培养全程化、就业帮扶人性化、校企对接无缝化于一体的特色就业指导体系，更加系统、全面、规范地建设农科类院校的就业指导体系。

1. 高度重视，就业指导工作系统化

第一，领导重视，群策群力。校院两级应充分落实就业工作“一把手”管理工程，学校由党委书记、校长、党委委员等成立就业工作领导小组，学院由院长、党委书记、党委副书记、就业专干等成员组织成立领导小组，并定期组织召开就业工作研讨会，深入了解用人单位择人标准，加强毕业生工作指导。第二，完善制度，明确分工。学校、学院应该结合自身发展现状、社会发展需

求，制定《学校学院年度就业工作计划》《学校学院就业工作考核制度》《学校学院就业工作职责》等，做到有章可循，有据可依。落实班主任就业工作责任制。毕业班级的班主任对毕业生就业工作负有重要责任，组织毕业生班主任与就业工作领导小组组长和副组长签订就业工作责任状，细化工作要求，层层落实。第三，建立奖惩制度，鼓励全员参与。鼓励全体教职工参与就业工作，将毕业生就业任务分解到班主任、论文导师、教职工等，对自己目标学生开展跟踪教育、就业推荐等工作，学校将就业任务完成情况与教师评奖评优、晋升加薪等挂钩。

2. 分类指导，职业素质培养全程化

就业指导应该充分结合学生群体的个性与共性，按需切入，对其心理素质、职业技能、思想意识等方面开展有针对性的培育。首先，分年级、分阶段，实现全面指导。坚持对学生四年大学生活进行整体规划、逐级部署，根据各个年级学生的不同特点和不同需求分类指导，制定具体的实施方案，开展一系列适应各阶段发展的就业指导活动。如：大一开展以入学教育、专业介绍、就业前景分析为主的指导；大二开展以与专业相关的职业、行业前景介绍分析的活动为主的指导；大三则开展以目标（就业、升学、出国）分析、劳动法规、考研讲座为主的指导；大四可以开展以求职技巧、职业心理转变、公务员考试、基层就业培训等为主的就业指导。其次，积极引导，强化创业培训。学校应该鼓励大学生自主创业，优化创业环境，同时也大力引导学生积极参与创新创业比赛，引导学生转变就业观念、增强创业意识、培养创业能力。

3. 热情服务，困难群体帮扶人性化

切实抓好高校困难毕业生的就业工作，是体现就业民生之本，也是整体提升高校就业率的有效途径。第一，重点关注、重点推荐、重点服务，帮助就业困难毕业生尽快实现就业。加强领导，明确责任，周密部署，积极采取措施，整合校内资源，挖掘市场资源，加强教育引导，重点针对经济困难家庭毕业生、残疾人毕业生、学业困难毕业生以及少数民族毕业生等群体开展就业帮扶工作。通过开展就业困难毕业生座谈会、实行“一对一”帮扶指导、出台“一生一策”指导细则等，深层次、多角度交流，促进其更好地就业。第二，加强学生心理素质教育。针对目前毕业生在就业过程中出现的各种心理问题和心理障碍，高校应广泛开展心理辅导活动，充分发挥学生成长辅导室的作用，加强对毕业生心理的个案研究、指导和心理辅导，解决毕业生在择业中表现出来的因就业心理不成熟造成的就业期望值过高、追潮流、报冷门、择业标准不现实或遇到困难就紧张、焦虑、恐惧、自卑等不良心理状态。

4. 内引外联，校企主体对接无缝化

市场需求是开展就业指导的重点，以社会需求作为就业导向，与企业实现零距离化是提升高校就业质量、提高就业率的重要保障。第一，引进来，积极举办专场招聘会。高校主动邀请各大企业进校园，开展校园招聘会。提前发布招聘信息，大力宣传，积极组织学生参与招聘会。第二，走出去，开展名企行活动，将学生带到生产一线。实现学生与企业对接零距离化的最好方式就是把学生带到企业、下到生产线，进行实地、实境参观学习，获取对企业最直观、最真实的感受。第三，寻求校企合作，建立实习基地。校企合作是新时期下的一种双向合作、资源共享、互惠共赢的培养模式，也是进一步促进学生就业的重要手段。高校可以提前确定市场开拓方案，充分利用校友资源，积极寻求校企合作，建立长期良好的合作关系，企业接受高校推荐的优秀实习生，实现学生的订单式培养。

（二）“456”深度就业指导新模式

1. 指导前做好“四个调研”

在开展相关就业指导培训前，就业指导中心和各个学院要通过问卷调查、需求反馈等方式，掌握学生对于职业观、求职观、就业观等情况的认识和需求；通过对涉农用人单位的回访调研，制作涉农企业人才需求数据云图，通过对数据信息的分析，得出涉农毕业生在职场发展中最应该具备的素质等信息；通过分析往年毕业生求职单位属性、去向、收入、升职等近三年的职场发展等情况，为应届毕业生就业择业提供案例参考；通过组织相关职场专家，了解分析涉农各个行业的未来发展趋势，进一步明确就业指导方向。

2. 指导中注重“五个细问”

就业指导老师根据“五细问”要求，细化指导各个阶段工作，围绕自身特长，细问学业情况、兴趣爱好、自身优势等；围绕求职意向，细问职业自我规划、意向行业、心仪企业、薪资期待等状况；围绕学业情况，细问各个学科学习情况、实践情况、学业排名等情况；围绕专业发展，细问对所学专业认识情况，自我专业定位等情况；围绕心理方面，细问是否有求职就业畏难心理，求职中碰到的各种困难和疑惑，确保在指导中摸清学生实际情况。

3. 指导后抓好“六个跟踪”

就业指导中心和各个学院，在坚持调研在先、合理指导、全面精准研判的基础上，对整体毕业就业环境、涉农用人单位人才需求情况、弱势专业求职难题、各个年级就业指导环节、制约涉农本科生就业的瓶颈、后期签约用人情况等六类主要就业因素进行全面跟踪、预先研判、把脉问诊，积极制定相关措施，高质量、高水准提高涉农本科生的就业水平。

三、就业对策分析

（一）增强主体意识，培养“一懂两爱”人才

农村存在着一系列发展不平衡不充分的问题，亟待引入一批“一懂两爱”的高素质农业人才。基于当前农林高校的就业形势，培养“一懂两爱”人才，需要从学生主体入手，逐步建立学生对基层“三农”工作的热爱。可以通过教学改革、熟悉农村现状和了解国家扶持政策等角度入手，促进农科类专业毕业生转化为高素质农民。

（二）注重专业课程设计，激发学习内生动力

在新农科建设的大背景下，原有某些课程已经不适合现代发展需求，要结合新需求进行设计，要更加注重理论与实践相结合，理论与实践都与时俱进。在课程设计方面融入新时代农村发展需求与学生的学习兴趣，用新的教学模式代替原来填鸭式的授课方式；用合作交流实践方式增强学生学习的主动性；用生动的实践模式代替原来的单一理论学习。在培养方案、课程设计等方面下功夫，激发学生的专业自信，促进涉农学生专业课程学习的内生动力。

1. 优化通识课程内容，打造“三农”新形象

在高校育人过程中，通识课程为学生提供多样化的选择与发展需求，所以课程思政的开发与建设对于学生的未来具有重要价值。在开展课程育人过程中，融入农业农村相关内容，营造良好氛围。通过开展涉农领域校友交流分享会，传达“三农”新要求、新政策与新发展，激发学生对基层农村工作的向往与自信；开展短期赴农村社会实践活动，了解先进的农业发展形势、管理方法以及先进技术的实际应用等，展现“三农”新形象，有利于激发学生的主动性，树立为“三农”事业献身的志向。

2. 加强第二课堂建设，引导学生树立正确的职业价值观

职业价值观不仅是个人对于职业的选择和判断，也是将个人目标、价值取向与心理预期相融合的综合体现。因此，高校应加强第二课堂建设，通过国家基层项目推介会、基层工作先进个人分享会、全国道德模范等先进人物事迹报告会，引导学生将个人命运与祖国发展相结合，用科学发展的眼光衡量工作。指导学生上好职业生涯规划课程，建立专业自信、道路自信，帮助学生找到兴趣所在，确立正确的职业发展方向，以主人翁的姿态投入到就业浪潮中，到祖国最需要的地方绽放青春光彩。

（三）强化服务意识，提升学生就业能力

在我国，学生在高中阶段学习压力大，进入大学的初期仍然以专业课程学习为主，受社会、学校、家庭和个人等多方面因素影响，学生在校期间对职业

接触较少，大学期间没有明确规划、职业目标不明晰等现象较普遍。学校应该加强学生就业、创业能力指导，并大力开拓就业市场，为学生就业提供服务。

1. 做好学生就业指导服务

设置好职业生涯规划课和就业指导课。课堂是学生提升专业知识和核心素养的主阵地，各高校在现有职业相关课程的基础上，加大课程创新力度，此类课程要注重学生的自我发现和自我成长，通过翻转课堂等方式加强课程吸引力，调动学生职业发展积极性。在校期间结合个人职业目标和个人能力现状进行自我提升，为学生将来就业提供能力支撑。加强学生与企业的对接，注重实习实训的实际效果，例如将企业实习设置为必修课，并加强过程考核，让学生在实习实训中真正了解行业和企业。加强群体与个体的就业指导服务，通过团体辅导、就业培训讲座、校友经验分享等做好群体性就业指导服务。根据学生个性化需求，做好学生职业测评、就业咨询和个性化辅导，为学生个体就业定位、就业心理调适等做好指导服务。

2. 做好学生创业能力培训

习近平总书记说“农村是充满希望的田野，是干事创业的广阔舞台”，农科类毕业生到农村创业大有作为，但毕业生考虑到人脉、资金、个人能力、创业风险等，创业意愿较低。高校应推出创业类通识课程，通过开设创业类基础课程，培养学生的创新意识和创业能力。一方面，通过邀请友好企业或创业校友担任创业类课程主讲教师，让他们用亲身经历向学生讲述创业过程，让学生了解创业所需要的能力和素质。另一方面，充分挖掘高等农林院校丰富的校友创业资源，将校友创业典型案例进行汇编，让更多学生了解创业知识。还可以建立企业专家库，聘请创业导师、与企业合作开设创业班级等，增强学生创业能力。为有创业意愿的学生提供资金和平台支持。通过企业捐赠和校内自筹等方式设立创业扶持基金，支持学生开展创业训练，尤其要重点资助教师科研成果转化类创业项目。此类项目具有科技含量，有助于学生创业成功。建立创业孵化基地或者创业平台，让学生在校内有机会真正“练手”，从而通过创业实践，全面提升创业能力。

3. 做好就业市场开拓工作

高等农林院校毕业生主要通过校园招聘会、就业网、亲友介绍等渠道获取招聘信息，就业信息碎片化，耗费了毕业生大量的人力物力。高校应建立用人信息动态库，根据用人单位需要和学生特点定点推送就业信息，减轻学生就业压力。成立就业市场开拓专班，赴京津冀经济圈、长江经济带、大亚湾区等开展毕业推介工作，邀请企业到校举行招聘会，选聘优秀毕业生。借助政府力量，与各地政府进行合作，建立“校＋地＋企”合作平台，举办专场招聘会。建立区域化和同质化就业信息共享平台，例如华中农业大学与武汉市其他高校建立就业信息共享平台，全国农林类高校建立就业信息共享平台，打造一体化共赢局面。

(四) 注重个性发展，推进人才分类培养

随着网络技术的进步，学生获取知识和信息的渠道不断拓宽，需求更加多元化，虽然对职业没有明确目标，但大部分学生有初步就业意愿，需要在大学阶段进行调试和验证。高等农业院校要根据国家农业农村现代化的现实需求，结合实际研究制定分类培养模式，为学生提供“菜单式”课程，供学生自主选择。

1. 专业学术类人才培养

高等农林高校的学生要注重专业知识学习、专业素质培养和实践能力提升，高等农林高校应以培育卓越工程师为人才培养目标。高校应充分发挥专业老师的主观能动性，发挥其在育人过程中的引导作用，通过实施科研导师制，指导学生自主学习专业性更强的课程。同时通过各类科创计划为学生提供科研环境，让学生提前了解专业学科的前沿领域。

2. 高素质应用型人才培养

高素质应用型人才的培养对行业发展具有重要的作用。在这类人才培养过程中要关注社会需求，培养学生掌握扎实的专业理论知识，培养面向社会生产一线的应用型人才。高校在这类人才培养中，要将专业知识与生产实际接轨，加强校企合作，通过走访企业、参与企业实习实训等拉近与社会生产一线的距离。同时聘请企业导师，传递行业一线讯息、发展前景和实操性技能。提高学生直面行业一线的能力，发展其实践应用能力和职业素养。

3. 高素质复合型人才培养

立足于建设创新型国家对拔尖创新人才的迫切需要，人才培养过程中要加强学生综合素质的提升，注重提升他们的表达和沟通能力，培养他们的创新创业思维，提高他们的动手能力和实践能力等。高校应整合校内外资源，加强通识课程教育师资力量和课程内容含金量，提供“菜单式”课程供学生自主选择。营造良好的创新创业氛围，加大创业扶植力度，鼓励学科交叉组队申报创新创业项目。

参 考 文 献

安梦莹，2016. 习近平在全国高校思想政治工作会议上强调把思想政治工作贯穿教育教学全过程开创我国高等教育事业发展新局面［EB/OL］. http：//news. cctv. com/2016/12/08/ARTIihpHZs56dGPSnK5b5x5y161208. shtml.

白逸仙，柳长安，艾欣，等，2018. 工程教育改革背景下传统工科专业的挑战与应对［J］. 高等工程教育研究（3）.

边立云，王远宏，张民，2022. 地方高校新型农科人才培养模式的研究与实践［J］. 天津农学院学报，29（1）：4.

蔡炎斌，2006. 高校创新人才培养模式之探索［J］. 湖南师范大学教育科学学报，5（2）：79-81，84.

曹丹，胡长效，白耀博，2021. 新农科背景下涉农专业实践教学改革与实践—以植物保护与检疫技术专业为例［J］. 现代园艺，17：173-174.

曹林奎，陆小毛，吴娟，等，2005. 现代农业科学本科创新人才培养模式的研究与实践［J］. 高等农业教育，（4）：51-53.

曹翔，2022. 产教融合背景下新农科人才培养路径研究［J］. 现代农业研究，28（1）：3.

曹新江，陈瑞利，郭卫云，等，2020. 新冠肺炎疫情下农科毕业生就业心理问题与对策［J］. 安阳工学院学报（19）：114-116.

陈蓓，2020. 基于任务驱动与翻转课堂教学双向融合的“园林花卉学”课程改革探索与实践［J］. 建筑与文化（10）：199-200.

陈殿元，赵悦，田瑞雪，2021. 新农科背景下“两平台，四路径，四共同”应用型人才培养的实践探索——以吉林农业科技学院为例［J］. 现代教育科学（9）：27-32.

陈焕春，陈新忠，2018. 新常态下中国农业高等教育发展的战略取向［J］. 农业高等教育（1）：3.

陈俊吉，张永胜，2009. 人才的概念及其内涵和外延——体育人才研究之一［J］. 体育科技文献通报，17（4）：127-128.

陈坤，马辉，2018. 农业院校学生就业价值观教育的 SWOT 分析与策略［J］. 黑龙江高教研究（8）：72.

陈青春，谢振文，兰霞，等，2019. 农学专业“3＋1”人才培养模式的构建与实践［J］. 教育现代化，6（74）：1-2.

陈少雄，2018. 农科类大学生就业与人才需求的分析与思考［J］. 南方农村（3）：50-55.

陈文胜，贺雪峰，吴理财，2016. 谁来种田？［J］. 中国乡村发现（6）：59-67.

陈文艺，2014. 基于实践育人视界的农科人才培养规格与途径［J］. 广东农业科学，41（3）：4.

陈晓华，时广明，牟永成，2022. 新农科建设背景下新型畜牧人才核心能力体系分析［J］. 中国畜禽种业，18（2）：58-60.

陈新忠，2015. 中国农业科技人才培养的困境与出路研究［J］. 高等工程教育研究（1）：137.

成协设，王春潮，2011. 基于行业发展培养高素质农科人才［J］. 中国大学教学（3）：2.

程舒通，2019. 职业教育中的课程思政：诉求、价值和途径［J］. 中国职业技术教育（5）：72-76.

程燕珠，杨朝晖，2020. 地方农林高校新农科发展的 SWOT 分析及优化路径［J］. 中国农业教育.

丛建民，高金秋，秦雯雯，等，2021. 地方本科院校新农科建设问题探讨［J］. 白城师范学院学报，35（6）：5.

丛立新，张辉，2020. 新农科背景下复合应用型人才培养体系探索与实践－以动物生产类专业为例［J］. 农业开发与装备（1）：48-49.

崔佳佳，2019. 职业教育“课程思政”教学改革的路径探究［J］. 职教通讯（4）：44-48.

代兴梅，张艳，刘彦博，2019. 乡村振兴背景下构建农科生基层就业长效机制的研究［J］. 农业经济（12）：105-107.

党杨，2017. 中国近现代高等教育使命的转变—基于“大学遗传环境论”［J］. 教育现代化（52）.

德里克·博克，2001. 走出象牙塔——现代大学的社会责任［M］. 徐小洲，等，译. 杭州：浙江教育出版社.

方丹，2019. 试论新时代高等教育人才培养质量及保障路径［J］. 教育现代化（64）：26-27.

冯美，何宁生，姚文孔，等，2021. 基于 OBE 理念的果树栽培学课程实践教学改革研究［J］. 大学教育（4）：83-85.

高道才，张立新，2020. 新农科人才应具备的创新素质和培养路径研究［J］. 农业高等教育（1）：5.

高志华，康敬青，2010. 高校创新人才培养模式探索［J］. 社会科学论坛（24）：179-182.

葛林芳，吴云勇，2019. 农业高等教育在乡村振兴中的功能及战略思考［J］. 中国农业教育，20（3）：7.

管培俊，2017. 新时代中国高等教育的使命［J］. 中国高教研究（12）：3.

郭金敏，赵兴涛，2018. 学分制下地方本科院校教学质量监控体系构建与实践：以河南城建学院为例［J］. 教育教学论坛（29）：22-23.

郭明顺，2008. 农科类本科人才培养体系研究［D］. 武汉：华中科技大学.

韩菡，王平，尹昌美，等，2018. “三维一体”全程化实践育人新模式的构建与实践－以山东农业大学农学院为例［J］. 文教资料，（3）：127-129.

郝婷，苏红伟，王军维，等，2018. 新时代背景下我国新农科建设的若干思考［J］. 中国农业教育（3）：55-59.

何淑兰，2018. 浅谈多学科教师共同合作提升学生综合素质有效性的研究［J］. 新课程

（中）（10）：49.

侯德琴，2018. 以职业生涯规划指导提升大学生就业力［J］. 凯里学院学报（2）：119-120.

侯建军 .2015. 新时期高职院校课程评价现状及发展趋势探析卫生职业教育，33（6）：28-30.

侯琳，肖湘平，江珩，2021. 新农科背景下传统农学专业人才培养面临的问题及对策——基于8校人才培养方案的文本分析［J］. 西南师范大学学报：自然科学版，46（10）：165-172.

侯爽，2017. 转型发展时期应用型本科人才培养质量保障体系的构建与实践［J］. 当代教育实践与教学研究（4）：133-134.

胡扬名，李燕凌，李晚莲，2015. 以卓越人才培养为导向的公共管理类专业实践教学基地建设——以湖南农业大学为例［J］. 中国农业教育（4）：1-5.

胡泽民，莫秋云，杨元妍，2018. 技术结构理论和人才培养规格要素理论下的应用技术型人才培养［J］. 桂林航天工业学院学报，23（1）：5.

黄冬梅，王瑞欣，2021. 基于职业生涯规划视角的大学生就业力提升路径探索［J］. 经济研究导刊，13：98-100.

黄河，2007. 基于能力本位的中加高职教育比较研究［J］. 继续教育研究（7）：155-156.

黄烈，2008. 应用型本科人才培养过程中应解决的几个问题［J］. 中国高等教育（13）：65-66.

季连帅，2020. 新时代特色应用型本科高校法学人才培养模式的实践与研究［J］. 哈尔滨学院学报，41（4）：118-121.

姜立民，靳浩淼，马赛，2019. 大类招生背景下高等农业院校就业工作研究：以吉林农业大学资源与环境学院为例［J］. 南南方农机（23）：215-225.

姜胜影，2020. 思想道德修养与法律基础课教学有效性问题研究［J］. 湖北开放职业学院学报，33（14）：72-73.

蒋承，张思思，2018. 大学生基层就业的趋势分析：2003—2017［J］. 华东师范大学学报（教育科学版），36（5）：60-70，167.

焦新安，俞洪亮，杨国庆，等，2020. 涉农综合性大学新农科建设的思考与实践［J］. 中国大学教学（5）：5.

教育部，2007. 教育部关于进一步深化本科教学改革全面提高教学质量的若干意见［J］. 中国大学教学（3）：3.

教育部高等学校教学指导委员会，2018. 普通高等学校本科专业类教学质量国家标准［M］. 北京：高等教育出版社.

金韦明，卫善春，沈延兵，2020. 新冠疫情影响下促进高校毕业研究生就业工作的实践与思考［J］. 学位与研究生教育（9）：16-20.

晋浩天，2019. 2020届高校毕业生将达874万人［N］. 光明日报，2019-11-01.

孔哲，2020. 高校大数据应用型人才培养路径探索［J］. 教育教学论坛（44）：324-325.

蓝晓霞，2017. 立德树人呼唤两个根本转变［J］. 中国高等教育（2）：1.

雷东阳，旷浩源，2019. 面向新农科的高校农学类创新创业型人才培养模式探索与实践——以湖南农业大学种子科学与工程专业为例［J］. 教育现代化，6（40）：5-7.
黎姗姗，2020. 高校机械专业应用型创新人才的培养模式研究［J］. 石河子科技（1）：29-30.
李大鹏，申沛，曾红霞，2021. 国际化新农科人才培养的实施路径［J］. 中国农业教育.
李道亮，2018. 农业 4.0——即将到来的智能农业时代［J］. 农学学报，8（1）：207-214.
李德明，2016. 高等教育人才培养质量与保障问题探讨［J］. 教育现代化（39）：13-14，52.
李国强，2016. 高校内部质量保障体系建设的成效、问题与展望［J］. 中国高教研究（2）：1-11.
李海燕，2011. 美国高等教育质量之社会保障监督体系的审视［J］. 高教探索（3）：45-46.
李家华，卢旭东，2010. 把创新创业教育融入高校人才培养体系［J］. 中国高等教育（12）：9-11.
李坚，钟海平，2014. 服务国家特殊需求博士人才培养模式的创新与实践—以吉首大学为例［J］. 高等教育研究（10）：52-55.
李静，2017. 改革开放以来高校基层教学组织发展研究［D］. 厦门：厦门大学硕士论文.
李娟，2019. 高校创新人才培养模式的探索与实践［J］. 才智（13）：60.
李俊龙，徐翔，胡锋，等，2011. 农科拔尖创新人才培养模式的探索与实践［J］. 中国大学教学（1）：24-26.
李克强，2015. 让各类主体创造潜能充分激发释放出来形成大众创业万众创新生动局面［J］. 中国科技产业（1）：10-11.
李胜强，雷环，高国华，等，2011. 以项目为基础的教学方法对提高大学生工程实践自我效能的影响研究［J］. 高等工程教育研究（3）：21-27.
李双群，靳玲品，2017. 地方农业院校创新型人才培养模式探析［J］. 中国农业教育（4）：11-15，83.
李硕豪，耿乐乐，2017. 应用技术型本科人才培养规格论理［J］. 职业技术教育（22）：6.
李文信，2011. 地方高等农林院校创新型人才培养模式的探索与实践［J］. 文教资料（35）：162-164.
李燕凌，熊春林，胡扬名，2013. 高等农业院校公共管理类卓越农村人才培养课程体系改革研究［J］. 中国农业教育（1）：11-15.
李颖，翟广运，董志，等，2009. 地方高等农业院校人才培养模式研究——以特色优势专业为龙头，科学定位人才培养目标［J］. 河北农业大学学报：农林教育版，11（1）：31-34.
李玉珠，常静，2019. 高素质应用型人才培养定位、规格与体系建设［J］. 中国职业技术教育（1）：5.
李贞刚，王红，陈强，2018. 基于 PDCA 模式的质量保障体系构建［J］. 高教发展与评估，34（2）：32-40，104.

梁双顺，钟雪梅，2012. 教育学［M］. 长春：吉林大学出版社.

凌纪伟，2016. 立德树人，为民族复兴提供人才支撑——学习贯彻习近平总书记在全国高校思想政治工作会议重要讲话［J/OL］. http：//www. xinhuanet. com/politics/2016-2/08/c_1120083340. htm.

刘宝磊，2020. 我国智慧农业的发展困境与发展策略分析［J］. 南方农机，51（16）：5-6.

刘彬让，2006. 新时期高等农业教育人才培养模式研究［J］. 高等农业教育（3）：7-10.

刘春桃，柳松，2018. 乡村振兴战略背景下农业类高校本科人才培养模式改革研究［J］. 高等农业教育（6）：16-21.

刘广林，于长志，2006. 高等农业院校创新型本科人才培养模式的构建［J］. 高等农业教育（4）：3-6.

刘建清，夏文波，李晶晶，2018. 普通高等学校本科专业类教学质量国家标准内容分析［J］. 高等继续教育学报，31（5）：7.

刘胜洪，洪维嘉，2008. 新农村建设中的农业高等教育思考［J］. 河北农业科学，12（1）：3.

刘书林，2001. 素质的概念与21世纪青年人才素质的结构［J］. 清华大学学报（哲学社会科学版），16（1）：2-5.

刘帅，黄美化，薛凯喜，等，2020. 产学研合作模式下高校应用型人才培养研究［J］. 教育教学论坛（11）：86-88.

刘小勇，符少辉，2006. 农业高等教育在建设社会主义新农村中的战略作用论略［J］. 教育发展研究（14）：4.

刘延东，2014. 以改革释放创新活力，以创新驱动转型发展［J］. 中国科技产业（8）：8-10.

刘影，2016. 共生理论视阈下校企协同人才培养探究—以行政管理专业为例［J］. 新疆职业教育研究（1）：50-53.

刘永辉，王高峰，孙吉，2020. "双一流"背景下应用型高校人才培养策略分析［J］. 科教文汇（29）：45-46.

刘玉华，2021. 我国智慧农业研究的现状、问题与发展趋势［J］. 低碳世界，11（7）：241-242.

刘竹青，2018. 新农科：历史演进、内涵与建设路径［J］. 中国农业教育（1）：15-21，92.

陆国栋，孙健，孟琛，等，2014. 高校最基本的教师教学共同体：基层教学组织［J］. 高等工程教育研究（1）：58-65，91.

路涵旭，2020. 课程思政视域下专业教师与思政教师协同育人路径研究［D］. 石家庄：河北师范大学.

罗莎，刘浩源，2014. 地方高校农业创新型人才培养模式研究综述［J］. 学理论（11）：2.

吕杰，2019. 新农科建设背景下地方农业高校教育改革探索［J］. 高等农业教育（2）：3-8.

吕新，张泽，侯彤瑜，等，2019. 新农科背景下农学类专业创新人才培养模式研究［J］.

教育现代化，6（68）：16-18，51.
马香丽，杨士同，刘小峰，2020. 跨界视域下新农科人才培养模式和路径的思考［J］. 中国农业教育，21（6）：7.
马小辉，2013. 创业型大学的创业教育目标、特性及实践路径［J］. 中国高教研究（7）：96-100.
马莹，2010. 论高校教师的教学质量意识与教学质量的保障与提高［J］. 江苏高教（3）：74-77.
宁超，岳春国，周伟，等，2019. 拓展实践教学模式提升高校人才培养质量［J］. 教育教学论坛（50）：199-200.
潘懋元，王琪．从高等教育分类看我国特色型大学发展［J］. 中国高等教育，2010，5：17-19.
潘懋元，2015. 从“回归大学的根本”谈起［J］. 清华大学教育研究（4）：1-2.
潘懋元，2009. 新编高等教育学［M］. 2 版．北京：北京师范大学出版社．
彭金富，张海平，2019. 农科专业大学生就业问题分析及对策一校企协同背景下华南农大动科学院近 10 年毕业生就业状况为例［J］. 广东蚕业（1）：122-124.
蒲洁，2006. 高校创新人才培养模式初探［J］. 中国成人教育（9）：46-47.
秦昌明，郑铁，李欣则，2019. 构建 PDCA 模式的地方高校校外实践基地质量监控体系［J］. 实验技术与管理，36（7）：219-221.
青平，吕叙杰，2021. 新时代推进新农科建设的挑战、路径与思考［J］. 国家教育行政学院学报（3）：35-41.
邱代宇，2019. 论新时代背景下我国高等教育面临的新形势［J］. 中国校外教育（3）：1.
邱永明，2004. 人才概念及标准历史演变的考察［J］. 中国人才（4）：52-54.
邵云飞，陈瑶，2018. 共生理论视角下高校复合型人才培养模式研究［J］. 电子科技大学学报（社会科学版）（2）：95-101.
邵云飞，何伟，刘磊，2015. 高校协同创新机制与人才培养模式研究［M］. 北京：清华大学出版社．
施良方，1996. 课程理论——课程的基础、原理与问题［M］. 北京：教育科学出版社．
石扬令，2010. 准确定位，突出特色，切实推进地方农业院校科学发展［J］. 山西高等学校社会科学学报（6）：79-82.
苏春景，韩延伦，2016. 创新博士人才项目培养质量保障机制［J］. 中国高等教育（10）：43-45.
孙珲，冯永忠，2021. 新农科国际化人才的内涵及其培养途径［J］. 黑龙江教育：高教研究与评估（8）：3.
孙坤，2007. 关于农科大学生创新素质培养的思考［J］. 河北农业大学学报（农林教育版），9（3）：4.
孙月发，2020. “三融促教”创新人才培养模式［J］. 合作经济与科技（7）：144-145.
田晓景，张丽彤，王莹，2018. 应用型本科院校人才培养质量保障体系研究［J］. 产业与科技论坛，17（18）：275-276.

田晓景，张丽彤，王莹，2018. 应用型本科院校人才培养质量保障体系研究 [J]. 产业与科技论坛，17 (18)：275-276.

托夫勒，2006. 未来的冲击 [M]. 北京：中信出版社.

万玉凤，2019. “北大仓行动”：掀起高等农林教育新变革 [N/OL]. 中国教育新闻网—中国教育报. http：//www.jyb.cn/rmtzgjyb/201909/t20190923_262565.html.

万玉凤，2019. 从“试验田”到“大田耕作”新农科建设全面展开 [J]. 中国高等教育评估 (4)：1.

汪陈，刘珺，赖涛昌，2019. 地方本科高校特色应用型人才培养质量提升路径 [J]. 安徽工业大学学报·社会科学版，36 (6)：58-59.

王伯庆，2020. 就业蓝皮书：2020 年中国本科生就业报告 [M]. 北京：社会科学文献出版社.

王川，肖龙华，陈琳，等，2019. 临床专业型医学研究生医患关系认知调查与现状分析 [J]. 中国卫生产业，36 (12)：177-181.

王从严，2020. 新农科教育的内在机理及融合性发展路径 [J]. 国家教育行政学院学报 (1)：30-37.

王贺正，黄明，吴金芝，等，2022. 地方综合性大学新农科建设初探——以河南科技大学农学专业人才培养为例 [J]. 科技视界 (2)：94-96.

王吉秀，于良君，李明锐，等，2020. 高等农业院校环境科学毕业生就业发展困境及路径选择 [J]. 大学教育 (5)：56-58.

王敬东，2016. 习近平谈全国高校思想政治工作要点 [J/OL]. http：//news.cctv.com/2016/12/09/ARTIpLqQSZCLXX17PuXFYw3J161209.shtml.

王林林，李玲玲，谢军红，2021. 一流农学本科专业建设中实践教学存在问题与对策：以甘肃农业大学为例 [J]. 高教学刊 (11)：10-13.

王农，刘宝存，孙约兵，2020. 我国农业生态环境领域突出问题与未来科技创新的思考 [J]. 农业资源与环境学报 (1)：1-5.

王小龙，2021. 新农科背景下农科大学生就业质量提升路径研究. [J]. 扬州大学学报（高教研究版），25 (2)：85-90.

王秀玲，孙立群，宋颖，1998. 面向 21 世纪农科教育本科人才培养目标刍议 [J]. 黑龙江高教研究 (5)：2.

王秀敏，梁丽，陈骅，等，2011. 以产学研活动为载体培养创新创业人才 [J]. 中国大学教学 (12)：68-70.

王艳华，齐文浩，杨兴龙，2019. “新商科”背景下地方农业院校工商管理类专业人才培养目标定位及其实现路径探讨 [J]. 南现代教育科学 (11)：116-120，132.

王有宁，刘牛，李长春，等，2020. 专业质量国标视角下应用型新农科人才培养模式探索 [J]. 绿色科技 (15)：3.

魏军，2010. 我国高等教育质量政策变迁的文本分析——基于改革开放以来的回顾与反思 [J]. 教育学术月刊 (9)：97-98.

吴伯志，王云燕，田静，等，2006. 我国地方高等农业院校人才培养模式的变革、问题与

对策 [J]. 云南农业大学学报，2 (5)：89-92.
吴超，梁忠，周术诚，2015. 以智慧农业为特色的物联网实验室建设 [J]. 武夷学院学报，34 (3)：65-68.
吴普特，2018. 世界一流农业大学的战略使命和建设路径 [J]. 中国农业教育 (6)：5.
吴秋风，宋晓昱，2019. 工科院校教师教学评价体系的构建研究：基于学生学习成效的视角 [J]. 教育探索 (5)：100-104.
吴岩，2018. 新时代高等教育面临新形势 [J]. 中国校外教育 (1)：2.
吴子恺，徐华亮，潘柳燕，等，2004. 地方综合大学农林科人才培养模式改革的思考 [J]. 高教论坛 (3)：26-30.
肖璐，2013. 新农村建设背景下高校毕业生农村就业行为研究 [D]. 镇江：江苏大学.
谢开云，靳瑰丽，孙宗玖，等，2020. 新农科背景下草业科学专业人才培养体系的构建与优化：以新疆农业大学为例 [J]. 草业科学，37 (9)：1656-1667.
徐立清，2017. 地方应用型本科人才培养标准的设计思路与实现路径 [J]. 国内高等教育教学研究动态 (21)：1.
徐铭铭，房小红，赵亚琴，2019. "双一流"建设背景下高校教学质量保障体系的思考 [J]. 教育教学论坛 (41)：3-5.
徐月欣，李军，2020. 应用技术型高校教师实践能力培养现状及提升路径 [J]. 中国石油大学胜利学院学报，34 (2)：52-58.
许韵聪，冯波，李华，2017. 应用型本科院校人才培养质量保障体系构建 [J]. 林区教学 (8)：107-110.
薛海波，吴文良，李明，2022. 我国农业高等教育与农科类人才培养历程及经验启示 [J]. 河南农业 (3)：4-10.
薛金涛，孙玉彤，吕红，2021. 5G 与我国智慧农业的发展研究 [J]. 北方经贸 (5)：49-52.
鄢高翔，祁克宗，2005. 农科人才培养模式的研究与实践 [J]. 安徽农业科学，33 (11)：2176-2177.
杨静美，周玲艳，2020. 新农科背景下高校实践教学体系研究 [J]. 南方农机，51 (11)：184.
杨叔子，2013. 实施素质教育让学生成为他自己 [J]. 中国高教研究 (4)：5.
杨叔子，2013. 再论"实施素质教育让学生成为他自己" [J]. 中国高教研究 (10)：14.
杨肖丽，耿黎，陈珂，2019. 高等农业院校创新创业教育与专业教育深度融合模式及运行机制研究 [J]. 南高等农业教育 (5)：17-22.
杨雄，2018. 影响农科研究生就业的因素分析和对策分析 [J]. 中国多媒体与网络教学学报 (上旬刊) (12)：84-85.
杨育智，刘玲，2020. 高等农业院校招生就业与人才培养动机制构建研究 [J]. 高等农业教育，12 (6)：55-59.
杨育智，原广华，马晶，2021. 新冠疫情冲击下农科大学生基层就业意向的影响因素及对策研究 [J]. 安徽农业科学，49 (17)：276-279.

参 考 文 献

杨兆强，何云峰，辛艳伟，2019. 当前农林类高校本科毕业生就业现状、问题及对策——基于15所重点农林高校本科生就业数据的分析 [J]. 中国农业教育（2）：64-71.

姚宇华，黄彬，2018. 高水平理工科大学基层教学组织建设理念与原则刍议 [J]. 现代教育论丛（2）：26-33.

殷文，柴强，于爱忠，等，2019. 高等院校农学专业毕业实习问题剖析与改革对策 [J]. 河南科技学院学报，39（8）：70-74.

尹宁伟，2012. 中国一流大学实践教学体系建构的新趋势——基于《“985工程”大学2010年度本科教学质量报告》的文本分析 [J]. 中国大学教学，（5）：8.

应义斌，梅亚明，2019. 中国高等农业教育新农科建设的若干思考 [J]. 浙江农林大学学报（1）：1-6.

于英霞，陈辉，朱艳红，2020. 高职课程思政深入研究的思路及学报平台搭建－基于《辽宁高职学报》所载课程思政研究论文综述 [J]. 辽宁高职学报，22（6）：9-13，42.

张大良，2018. 扎根中国大地办大学做出中国大学应有贡献 [J]. 中国高教研究（12）：3.

张盖伦，2019. 新农科建设有了“施工图”[N]. 科技日报，2019-07-04.

张海平，2021. 发展智慧农业对策浅析及思考 [J]. 农村实用技术（5）：3-4.

张骏生，2006. 人才学 [M]. 北京：中国劳动社会保障出版社.

张默，张艳，周明亮，2012. 农科创新型人才培养目标的构建 [J]. 农业高等教育（3）：4.

张青峰，王红，李园园，等，2018. 农林院校大类招生背景下教学质量保障体系构建 [J]. 高等农业教育（4）：55-57.

张莹莹，2015. 产教融合背景下技能型人才培养路径的探索与思考 [J]. 美术教育研究（11）：2.

赵世浩，2016. 基于创新能力培养的农科类大学生创业课程体系设计 [J]. 青年时代（19）：1.

赵一鹏，2020. 新农科背景下农业院校人才培养的问题与对策 [J]. 信阳农林学院学报，30（2）：138-141.

郑红梅，2020. 论新时代我国高等农业院校的新农科建设 [J]. 安徽农业科学，48（23）：3.

郑惠强，2014. 培育大学生创业力以创新创业带动高校毕业生就业 [J]. 中国科技产业，（3）：24-25.

郑建华，刘双印，王潇，2021. 面向智慧农业的大学生创新创业培养问题分析与模式探索 [J]. 创新创业理论研究与实践，4（6）：1-4.

钟依倩，2020. “互联网＋”时代应用型高校会计信息化人才培养研究 [J]. 商情（42）：48.

周浩波，赵立成，2020. 新时代高校党委建设思想政治理论课的路径选择 [J]. 沈阳师范大学学报（社会科学版），44（4）：1-7.

周远清，2007. 周远清教育文集 [M]. 北京：高等教育出版社.

朱以财，刘志民，张松，2019. 中国农业高等教育发展的历程、现状与路径 [J]. 高教发展与评估，35（1）：41-53.
祝琴，2014. 论地方民族院校研究生思想政治教育存在的问题及对策［J］. 继续教育研究（1）：64-66.
邹江，陈俞佳，2020. 应用型本科高校物流管理分层式人才培养模式［J］. 西部素质教育，6（2）：192-193.